U0348404

中央高校基本科研业务费专项资金资助项目（2020ZDPY0221，2021QN1003）
国家自然科学基金面上项目（52174089）
国家自然科学基金青年科学基金项目(52104106)
徐州市基础研究计划项目（KC21017）

深部松散煤体巷道流变机理研究

李桂臣 孙元田／著

中国矿业大学出版社
·徐州·

内 容 简 介

本书紧紧围绕松散煤体巷道流变问题，采用人工智能、室内试验、理论分析、工程调研、数值计算及现场试验相结合的研究方法，基于煤岩参数反演模型，在实验室构建了等效松散煤体，揭示了松散煤体的流变特性，建立了符合该类煤体特性的非线性流变模型，反演了巷道煤体流变参数，全面揭示了巷道流变机理。全书内容丰富、层次清晰、论述得当，研究成果可为相关领域专家学者提供借鉴。

本书可供采矿工程及相关专业的科研和工程技术人员参考使用。

图书在版编目(CIP)数据

深部松散煤体巷道流变机理研究/李桂臣，孙元田著.—徐州：中国矿业大学出版社，2022.4

ISBN 978-7-5646-5357-6

Ⅰ.①深… Ⅱ.①李… ②孙… Ⅲ.①疏松地层—厚煤层—煤巷—流变性质—研究 Ⅳ.①TD263.5

中国版本图书馆CIP数据核字(2022)第059972号

书　　名	深部松散煤体巷道流变机理研究
著　　者	李桂臣　孙元田
责任编辑	王美柱
出版发行	中国矿业大学出版社有限责任公司 (江苏省徐州市解放南路　邮编 221008)
营销热线	(0516)83884103　83885105
出版服务	(0516)83995789　83884920
网　　址	http://www.cumtp.com　**E-mail**:cumtpvip@cumtp.com
印　　刷	徐州中矿大印发科技有限公司
开　　本	787 mm×1092 mm　1/16　**印张** 8.25　**字数** 206 千字
版次印次	2022 年 4 月第 1 版　2022 年 4 月第 1 次印刷
定　　价	48.00 元

(图书出现印装质量问题，本社负责调换)

前　言

随着煤炭资源开采深度的增加，大量深部煤层巷道变形的时间效应显现加剧。对于围岩强度极低的松散煤体巷道，流变大变形现象十分普遍。流变效应是煤体典型的力学特性之一，其与时间密切相关，在某种程度上决定着煤岩体工程的长-短期稳定性。同时，低强度煤体分布广泛，实践中难以控制，严重影响了工程安全性。因此，研究松散软煤体的流变性质，对于预测巷道长期稳定性，控制巷道变形具有重要意义。

当前的研究多集中于煤岩体流变模型，而这一过程往往在实验室内完成，得到的结果具有明显的尺度限制。对于大尺度的松散煤体巷道，由于其强度低、松软破碎，在现场也难以进行大尺度试验。最直观的手段是监测松散煤体的巷道变形，得到的结果最为真实有效。因此，如何将现场获取的变形与煤体流变内在过程联系起来，进一步阐述其流变机理是当前研究的难题。借鉴前人的位移反分析法，可以得到煤岩的物理力学参数，而如何准确获取流变参数仍然需要不断探索。随着当今人工智能技术的发展和普及，采用智能的方法进行煤岩参数的反演或者反计算，为松散煤体的流变参数选择提供了重要的参考方向，也为深入揭示深部松散煤体巷道流变机理提供了重要的研究手段。

鉴于此，笔者紧紧围绕松散煤体巷道流变问题，采用人工智能、室内试验、理论分析、工程调研、数值计算等相结合的研究方法，提出了煤岩参数反演智能模型，在实验室构建了等效松散煤体试样，揭示了松散煤体的流变特性，建立了符合该类煤体特性的流变模型，反演了巷道煤体流变参数，深入揭示了巷道流变机理，本书即相关研究成果的总结。全书共分为6章。第1章简要回顾了煤岩体流变的特性、模型及参数辨识和反演的研究现状，指出了当前存在的主要问题。第2章搭建了煤岩体参数反演的算法模型。在分析参数的反演必要性前提下，采用人工智能手段对松散煤体研究涉及的两类物理力学参数即“构建参数”和“流变参数”进行反演模型搭建。第3章提出了室内构建煤试样等效于现场松散煤体的方法。鉴于典型的松散煤层实际赋存状态，常规手段难以对其开展煤岩物理力学试验，该法以松散煤体坚固性为纽带，旨在将室内成型煤体的孔隙率和强度与现场煤体的孔隙率和强度等效。第4章揭示了松散煤体流变特性并建立了相适应的流变模型，对松散煤体的流变参数进行了辨识，后经数值模型分析，验证了所提出模型的合理与正确性。第5章基于人工智能方法，精确反演了深部巷道松散煤体流变参数，并对反演结果进行了评价。第6章采用三维数值模拟模型，融合流变参数，深入揭示了巷道流变特点，系统阐明了深部松散煤体巷道的不稳定变形时间长、煤体内高应力积聚、塑性区扩展深度远超支护范围等破坏机理。

本书是对深部松散煤体巷道流变失稳的系统研究总结，是课题组基于几年来现场工程实践经验，凝练科学问题，着眼基础研究，融合当今先进的人工智能手段，系统全面的总结升华。在撰写本书过程中，得到了张农教授的耐心指导和大力支持，在此表示衷心感谢。博士研究生荣浩宇、许嘉徽、孙长伦、李菁华等参与了部分材料的整理工作，硕士研究生杨森、卢忠诚、沃小芳、魏鹏、罗东洋、陶文锦等参与了部分文字校验工作，在此一并表示感谢。

由于笔者水平所限，书中难免存在一些问题和不足，恳请专家学者批评指正。

著　者

2022年春于中国矿业大学

目　录

1 绪　论

1.1 引　言

煤炭现在及长期将居于我国能源消费主体地位。随着开采深度的增加，深部岩体的“三高一扰动”问题变得尤为突出[1]。在这种复杂条件下，大量布置在岩层或煤层中的巷道围岩变形量大且具有明显的时间效应，这种巷道围岩变形随时间而变化的现象称为煤岩体的流变[2]。其特点是煤岩体矿物组构不断动态调整，应力与应变状态随着时间的延长而不断变化。煤岩体的流变特性不仅与围岩应力状态有关，也与其自身的物理力学性质相关[3-4]。当应力低于煤岩体的长期强度时，煤岩体往往产生稳定蠕变或衰减性蠕变；当应力超过其长期强度时，煤岩体向不稳定蠕变发展[5]。因此，越是低强度岩体，其不稳定蠕变起始应力阈值越低。深部软岩巷道受此影响，往往表现为除了弹塑性及岩体扩容和剪胀变形外，也包含随时间变化而产生的流变变形。宏观上表现为，围岩的大变形不是巷道开挖后立即产生的，而随着时间的延续，变形逐渐显现，巷道的失稳破坏与否取决于围岩应力状态和自身强度，短则 2～3 个月，长则 1～2 a[6]。

根据大量的室内试验及现场实测，软弱围岩尤其是破碎松散岩体如松软煤层、节理裂隙发育的岩石，其蠕变效应更为显著[7-10]。低强度煤岩体易发生蠕变流动，而蠕变又促使煤岩体内裂隙的产生与发展，降低了煤岩体长期强度，加速了软弱煤岩体变形和破坏。低强度松散煤体是裂隙发育，长期受构造运动影响且坚固性系数低($f<0.5$)的一类特殊软岩。根据工程地质调查，松散煤层在我国新疆、内蒙古、山西、河南、山东都广泛分布。该类煤层煤质松散，呈现块粒状，易产生压缩流变。尤其是两淮地区的松散破碎煤层[11]，在高地应力影响下，软弱煤层巷道表现为强烈的与时间相关的变形效应，在受外在扰动情况下，更易产生大变形，控制更为困难。在这类松散煤体巷道中，保证它们在相对较短的回采服务期限内的稳定成为亟待解决的问题。

当前关于巷道煤岩体流变研究多集中于建立具有时间效应的煤岩体流变本构模型[12-16]。流变本构模型往往通过一系列的室内试验获得相应的规律，修正与组合不同蠕变单元模型，拟合流变参数得到。控制技术则一般是在模拟及现场实践过程中，由经验总结提出。准确的煤岩体物理力学参数对于指导煤岩体流变模型建立、巷道围岩流变控制决策等起着至关重要的作用。在松散煤体参数获取方面，由于松散煤体的特殊存在状态，一般很难取得完整试样，即使取得块状煤体，其也仅是大范围松散煤体中的极小部分，不具代表性。同时，小尺寸的煤岩块的室内流变试验结果，往往受尺寸效应、裂隙发育情况和工程赋存差异影响，无法与工程现场完全契合，有时甚至差异很大，这使现阶段的试验结果无法直接应用于工程设计。与之相比的是现场大尺寸的流变试验，虽更能反映实际情况，但由于费用高、设备笨重、周期长、受地质条件影响较大、数据离散波动性大，没有得到大范围的推广。

综上所述，如何准确获取煤岩物理力学参数，建立反映现场松散煤体性质的实验室试样，并依托室内流变试验研究成果为现场松散煤体巷道工程提供指导，同时如何结合现场第一手的变形监测数据得到有意义的工程尺度的煤体流变参数，这些都是急需解决的现实问题。因此，有必要从松散煤体流变特性与机理角度出发，准确获得煤岩参数，指导开展松散煤体巷道流变变形的研究，丰富软岩的流变理论，从而进一步保障矿井经济与社会效益。

1.2 国内外研究现状

1.2.1 煤岩体的流变特性研究

地下岩体工程的稳定性受围岩的流变特性影响，有的工程甚至在完成几十年后依然会出现大的流变变形而破坏，工程的稳定性时间效应明显。在地下工程尤其是软岩工程围岩稳定性分析中，必须考虑岩石的流变特性[17]。与之类似地，煤矿巷道是人为开掘的地下工程，其稳定性与周围煤岩体的稳定性息息相关，尤其受煤岩体的流变影响，巷道的流变变形特性日益受到专家学者的重视。一般通过煤岩体的流变试验研究，揭示其变形特点，从而对宏观尺度的工程进行有益指导。现阶段关于围岩的流变特性研究主要包括蠕变、应力松弛、长期强度、弹性后效等，其中煤岩体蠕变因反映着变形与时间的关系，最直观直接地反映出流变规律，与实际的设计施工关系最为密切而得到广泛重视，该项研究具有重要的实用价值。

从 20 世纪 20 年代开始，有关煤岩体的流变特性研究就已经开展。至今人们在煤岩体流变试验曲线、规律及其影响因素，蠕变的宏观、细观机制方面进行了大量研究。对于巷道周围赋存的煤岩体来讲，由于其特殊的地质形成，紧邻巷道的普遍为含煤地层，具有软岩的特性，而远离巷道的岩层性质与其差别很大，不仅有中等硬度及坚硬岩层，也有极硬的岩层，所以巷道涉及岩层的流变研究范围较广。国内外大量学者对软岩或硬岩的流变进行了长期的研究，这些成果对于指导并丰富煤岩体的流变特性研究起到重要作用。D. Griggs[18]对灰岩、泥板岩等进行了蠕变试验研究，结果表明岩石存在起始蠕变应力阈值，约为峰值的 12.5% 时，开始蠕变，随着应力水平的提高，蠕变程度逐渐提高，体现为变形速率的加快等。D. P. Singh[19]对大理岩进行了蠕变试验，得到了非常完美的蠕变三阶段曲线，并发现侧向蠕变速率远大于轴向蠕变速率。M. Tijani 等[20]对强度较低的软岩进行了多种条件包括温度、偏应力下的蠕变试验，分析了其变形机理。夏才初等[21]对矿山的页岩进行了不同尺寸的单轴压缩蠕变试验，试验结果显示该岩石存在流变的尺寸效应，力学参数如弹性模量等都随尺寸增大而减小。陈宗基等[22]对砂岩进行了长时的扭转蠕变试验，细致地分析了其蠕变及扩容现象，并提出实践中要多加关注该现象。S. Okubo 等[23]通过刚性试验机对大理岩、砂岩等多种岩样进行了压缩蠕变全过程试验，并得到了加速变形阶段的应变与时间曲线。何学秋等[24]较早地对含有瓦斯的煤体进行了流变试验研究，从微观和宏观上分析了其破坏过程机制。吴立新等[25]对煤岩的蠕变试验结果显示，煤体的流变系数低于岩石材料，并分析了其微观影响效应。许宏发[26]探讨了软岩蠕变过程中弹性模量与时间的关系，一般弹性模量随着时间的延长而不断降低。E. Maranini 等[27]对石灰岩进行了单轴和三轴蠕变试验，结果表明其主要机理为低应力状态下的裂隙扩张和高应力状态下的孔隙裂隙闭合。

Y. S. Li 等[28]对包括泥岩在内的四种软岩进行了单轴蠕变试验，结果表明在稳定应力作用下，一般都出现蠕变速率减小、不变和增大过程，但各个过程的出现及持续时间长短与自身性质和载荷水平有关。曹树刚等[29]通过煤岩体的单轴和三轴试验研究，讨论了其流变力学特性。彭苏萍等[30]对煤层巷道中泥质软岩进行了三轴流变试验研究，为软岩支护提供了设计依据。朱定华等[31]对红层软岩进行了蠕变研究，指出经蠕变后的软岩的长期强度为瞬时强度的63%～70%。姚爱军等[32]对煤岩体进行三轴蠕变试验，获得了蠕变特性参数，研究了结构面和围压对流变破坏方式的影响。刘光延等[33]通过干燥和保水状态下的砾岩流变试验，得到了可以应用于坝体稳定性分析的结果。M. Gasc-Barbier 等[34]对不同试验条件下(不同温度、不同应力)的软岩进行了蠕变试验，得出了应变速率随温度和应力水平的增高而逐渐增大，加载历史对于蠕变变形速率影响较大的结论。

近十几年来，国内学者对煤岩体的流变特性研究更加活跃，逐渐占据了该研究方向的主要舞台，有丰硕的研究成果，积极推动了煤岩体流变特性研究领域的进步。徐卫亚等[35]对绿片岩的流变力学性质进行了深入研究，得到了轴向侧向应变与时间的关系，讨论了流变对岩石应力应变的影响，分析了流变破裂机制等。杨圣奇等[36]分析了坚硬岩石的三轴流变规律，探讨了围压与粒径对岩石的流变变形的影响，分析了岩石流变过程中的塑性变形特征。高延法等[37]通过实测巷道的流变规律，分析了巷道流变机理，提出了岩石强度邻域概念，为巷道支护提出针对性方法。范庆忠[38]分析了深井巷道围岩的蠕变变形产生机制，研究了岩石的蠕变特性及扰动下的变形效应，建立了强度极限邻域内的岩石蠕变扰动效应理论。陈卫忠等[39]通过深部泥岩的真三轴蠕变试验，分析了蠕变规律，对软岩工程巷道长期的变形预测和支护提供了重要的参考依据。陈绍杰等[40]对煤体进行了短时流变试验，结果表明煤岩存在蠕变门槛，流变破坏呈空间不均匀性，以塑性破坏为主，同时认为蠕变过程不仅存在蠕变损伤，也存在蠕变硬化，两种机制共同作用。Y. L. Zhao 等[41]通过循环增量载荷试验对软岩进行加载流变研究，揭示了其流变变形与时间的关系和相应的机制。刘保国等[42]对煤矿中的泥岩进行蠕变测试，得到了蠕变损伤致弹性模量、内聚力、内摩擦角衰减的结论，同时归纳出它们与时间的关系。范秋雁等[43]对泥岩蠕变过程中的微观和细观变化作了重点研究，揭示了泥岩蠕变的变形机制，对其蠕变硬化、蠕变损伤、蠕变损伤加速等进行了系统阐释。郭臣业等[44]对煤矿中的砂岩进行峰后蠕变试验，结果表明破裂的砂岩同样存在长期强度，失稳过程与煤岩的蠕变规律一致。何峰等[45]对煤岩体进行了蠕变-渗流的耦合测试，得到试样在蠕变破坏过程中渗透率变化与蠕变损伤趋势一致的结论。W. Y. Xu 等[46]在三轴硬岩试验基础上开展了流变及渗流耦合作用下的试验，揭示了在渗流作用下的岩石的流变演化规律，这对于现场实践有指导意义。张玉等[47]对软岩开展渗流-应力下三轴流变试验研究，得到了耦合流变下的岩石三阶段变形特征，并揭示了应力和渗透压力导致流变加剧的机理。蒋海飞等[48]对深部的细砂岩进行了不同水压下的蠕变试验，结果显示受到孔隙水压作用，砂岩的变形特性受到较大影响，黏弹性模量与时间紧密相关。王军保等[49]研究了灰质泥岩的蠕变特性，对其瞬时应变、蠕变应变及稳态变形速率等进行了深入分析，结果显示随着偏应力的增大，以上岩石力学参数都随之增大，且蠕变应变占总应变的比例变小。贾渊[50]对煤体进行了峰前及峰后的蠕变-渗流耦合试验研究，得到了煤体试样的峰前峰后裂纹扩展及蠕变渗流规律。X. Huang 等[51]研究了卸载状态下的软岩的流变膨胀与裂隙发育关系。郭军杰等[52]分析了采动条件下煤体的蠕变失稳问题，得到了动载荷下煤体的蠕变及失稳规律。D. P. Ma 等[53]研究了不同含水率状态下的煤试样蠕变特性，并在蠕变过程中监测其声发射现象，结果表明声发射强弱与煤体的蠕变状态紧密相关。孙元田等[54]对煤体进行了蠕变试验，结果显示试件的轴向表现为明显的三阶段流变现象，蠕变变形随着围压增大而减小。Z. Liu 等[55]对软岩试样进行了应力及水软化条件下的流变变形研究，探索了应力及水对岩石蠕变的影响，并分析了其作用机理。

综上所述，煤岩体的流变力学特性研究取得了长足的进展，体现在由传统的单一应力加载蠕变到多场耦合作用下的蠕变试验研究；由试验结果的单一分析到多参数多维度分析；由表象特征描述向内在机理与本质转变。但也应该注意到，受到煤岩体赋存环境影响，通过试验得到的结果与实际还存在较大差距，同时限于试样的选取，得到的流变研究对象和研究范围进一步被缩小。考虑深部赋存的松散煤体是一种特殊的软岩，现阶段选取的研究对象多为完整性较好的试样，而实际上受其内部多孔隙裂隙结构及构造应力影响，煤体往往破碎程度高，其仅在地应力下维持整体状态。这种情况下取得的试验结果代表性较差，难以真正反映煤体的流变特性，因此需要对该类松散煤体做进一步的流变特性研究与分析。

1.2.2 煤岩流变模型研究

煤岩体的流变模型及其相应的参数辨识一直以来是岩石流变领域的两大课题，主要由于其是沟通理论与实际问题的桥梁。一般地，流变模型可以通过经验总结或传统模型修正得到或者利用新的理论来改进提高获取。参数辨识可以通过传统的基于试验结果和力学模型的方法，也可以通过逆向思维基于位移测量反演。

煤岩流变的经验模型是指在试验数据的基础上，利用公式拟合，从而建立起的流变模型。针对不同岩体材料，不同应力环境，可以得到不同的流变经验模型，不胜枚举。一般的较为常用的经验模型形式为：幂律型，指数型，对数型及它们之间的混合型。D. M. Cruden 等[56]将岩石蠕变过程分为减速和加速两个阶段，提出用幂函数型方程对试验数据进行拟合，吻合程度较高。R. R. Cornelius 等[57]利用试验数据建立了一个可以反映加速阶段的蠕变经验模型。吴立新等[58]通过对煤岩流变的试验研究，建立了对数型经验公式，并在该公式下形成了参数集，用于指导工程实践。芮勇勤等[59]建立了可以反映软弱夹层的流变特性的经验公式。张向东等[60]基于泥岩的三轴蠕变试验，参照前人提出的非线性蠕变经验方程，建立了符合该类泥岩特性的经验蠕变方程。齐明山[61]利用幂律型蠕变模型对岩石进行了三轴压缩流变试验数据拟合，结果表明该模型可以较好地模拟出加速蠕变阶段的蠕变行为。尹光志等[62]对松散煤体蠕变试验数据进行经验公式拟合，得到了较好的吻合结果。陈卫忠等[39]通过经验性幂函数蠕变模型对深部真三轴流变数据进行拟合，结果显示该模型可以较好地反映深部软岩的流变特性。虽然经验公式可以获得较好的试验拟合效果，但它仅能反映流变特性的表象，不能反映煤岩体的内在蠕变机理。受煤岩体的复杂多样性影响，经验模型难以推广，从而限制了该类蠕变模型的发展。

煤岩体的流变元件模型根据试验得到的曲线，分析提取流变特征，抽象成可代表煤岩体性质的弹簧、阻尼器或滑块等元件。这些元件可以组合，形成反映不同煤岩体流变性质的模型，得到了广泛的认可和推广。因此出现了一些较为通用的由元件组成的模型如西原模型、麦克斯韦(Maxwell)模型、开尔文(Kelvin)模型、伯格斯(Burgers)模型、宾汉(Binghan)模型等。这些模型不仅可以在数值模型中进行较好的计算，也可以利用元件模型对流变试验数据进行拟合，得到相应元件的参数，指导蠕变模型的应用。关于煤岩体的线性元件模型的研究文献较多。如曹平等[63]利用西原模型对深部斜长角闪岩进行黏弹塑性流变分析,得到的拟合曲线与试验得到的蠕变和松弛曲线都较吻合。孙琦等[64]将蠕变煤体视为满足西原模型的黏弹塑性体,得到了可以预测煤柱变形的模型。蒋玄苇等[65]同样利用西原模型对石膏矿石的衰减蠕变及等速蠕变进行拟合,结果显示西原模型可以较好地描述该岩石的蠕变特性。石振明等[66]利用伯格斯模型对绿片岩的分级加载流变数据进行拟合,得到的结果可以很好地反映该岩石的流变规律。类似的利用伯格斯模型、开尔文模型、西原模型等作为煤岩体流变模型进行研究的学者还有:W. Korzeniowski[67]、X. T. Feng 等[68]、G. S. Su 等[69]、Q. Z. Zhang 等[70]、H. B. Zhang 等[71]、宋勇军等[72]、杨振伟等[73]、康文献等[74]、张青[75]。但应注意到,上述提及的元件模型由于组成结构时均为线性组合,因此无论元件多少,模型最终只能反映线弹黏塑性特点,对于煤岩体加速流变阶段,这类模型应用受到限制。因此进一步地,更多学者倾向于在线性元件基础上进行修正改进或加入新的理论,来发展一些非线性流变元件模型。

金丰年等[76]基于试验结果对传统线性模型进行分析,结合蠕变损伤提出非线性黏弹性模型,并进行了较好的应用。邓荣贵等[77]提出了新的非牛顿流体黏滞阻尼元件,可以较好地模拟岩石的加速流变阶段。曹树刚等[78-79]分别针对煤岩体提出了广义弹塑性及非牛顿流体构成的五元件的改进型西原流变模型,阐述了本构和蠕变方程。张为民[80]与刘朝辉等[81]提出了采用分数阶导数的流变模型,利用构造的新式黏壶代替传统的牛顿体,与试验结果拟合效果好。该模型进一步经过更多学者采用或借鉴,得到了发展和推广[82-84]。陈沅江等[85]构建了蠕变体和裂隙塑性体并与开尔文体及胡克体结合,得到了新的复合流变模型,该模型可以较好地描述软岩的加速蠕变阶段。徐卫亚等[86-87]通过将非线性黏塑性体与五元件线性黏弹性模型串联,建立了一个新的岩石非线性黏弹塑性流变模型,该模型可以更准确地描述岩石的加速流变特征,并通过试验结果进行了验证。杨圣奇[88]在此基础上更进一步应用和发展。Z. Tomanovic 等[89]对伯格斯模型进行了改进,并通过岩石的流变试验进行了对比验证。赵延林等[90]建立了由胡克体、村山体及改进的宾汉体串联而成的新的岩石非线性流变模型,通过试验曲线与该模型对比,证明了其合理性。夏才初等[91-92]通过多元件的串并联组合提出了统一流变模型,并针对性地给出了参数确定方法和相应的案例。王维忠等[93-94]通过对广义西原模型的改进,建立了含瓦斯煤岩的三轴蠕变本构模型。艾巍等[95]通过对鲍埃丁-汤姆逊模型的改进,提出了描述煤体的蠕变特性的新型蠕变模型。崔少东[96]通过对泥岩蠕变弱化规律的研究,将其引入宾汉模型,建立了泥岩的非定常流变模型,并通过数据验证了模型的合理性。杨小彬等[97]通过引入非线性硬化函数,在广义开尔文模型基础上建立了煤岩的非线性损伤蠕变模型,并通过试验进行了验证。蒋腾健等[98]对煤样进行三轴蠕变加载试验,通过改进的黏塑性本构模型对数据进行了拟合,结果显示模型可以较好地与实测数据吻合。贾善坡等[99-100]针对泥岩建立了非线性损伤本构模型及演化方程,并应用于泥岩的非线性蠕变中,该模型可以用于软岩隧道的长期稳定性预测。齐亚静等[101]将西原模型串联一个应变触发的非线性黏壶,推导了三维蠕变方程,并通过试验对流变全过程曲线进行了验证,结果显示其可以成功描述蠕变的多阶段特征。张永兴等[102]将伯格斯模型与非线性黏壶及塑性体并联,生成新型流变模型,并将其应用于含水损伤的岩石蠕变研究。杨圣奇等[103]通过引入损伤因子,建立了岩石的非线性损伤流变模型,并通过泥岩蠕变试验进行了验证。康永刚等[104]通过非牛顿黏壶修正开尔文模型,建立了一种非牛顿黏壶和塑性体并联在一起的黏塑性体，再将两者串联并加入胡克体，建立起一种描述岩石多阶段流变的蠕变模型。J. H. Kang 等[105]建立了考虑损伤效应的分数阶导数煤体流变模型，并通过试验进行了验证，结果显示吻合程度很高。徐鹏等[106]通过煤体的三轴循环加载蠕变试验，建立了煤体的黏弹塑性蠕变模型，结果显示模型可以较好地描述煤体的加载卸载蠕变特性。J. X. Lai 等[107]建立了岩体的分数阶导数流变模型，并在工程中进行了应用。李祥春等[108]提出采用改进型西原加速模型来描述煤体三轴蠕变规律，并证明了其可靠性。孙元田[109]通过添加加速模型，建立了煤体的蠕变模型，并通过试验验证了模型的正确性。J. X. Zhang 等[110]通过煤体的多阶段流变试验，建立了非线性黏弹塑性模型，并进行了验证。

综上所述，几十年来国内外学者对于煤岩体的流变模型进行了深入的探索，成果十分丰硕。煤岩体的流变元件模型在直观表达、元件概念、精确度上都有较大的优势，一直以来都是煤岩体流变理论中的重要研究课题。流变元件模型也从最初的基本模型变换应用到现阶段的非线性元件开发、新理论的提出如分数阶导数、损伤因子引入等，模型精确度越来越高，对煤岩体的蠕变的三阶段吻合效果越来越好；同时也带来了模型复杂、参数不易确定、实际应用较难等缺点。在总结上述成果时发现，由于深部松散煤体的特殊存在状态和形式，针对深部松散煤体的流变模型还较为欠缺。因此，急需完善和建立可以反映深部松散煤体流变性质的简单易行可应用的模型，为该类煤体的地下工程如巷道硐室的长期稳定性研究提供理论指导和预测依据，同时为充实煤岩体流变理论作出贡献。

1.2.3 煤岩流变参数辨识与反演研究

在受流变影响的煤岩体工程中，一般将数值计算所得结果作为设计施工时参考的标准，所以选择合理的流变模型和正确的参数至关重要。经过前述总结和分析认为，现阶段煤岩体的流变模型已经得到了较大的发展，有较多的方法和模型可以供设计者或者工程师作为参考。而模型确定后，如何选取流变参数，一直是煤岩体流变理论中的热点问题。煤岩体是高度复杂的非均质、各向异性的系统，同时受限于煤岩体的赋存状态，实验室或现场原位试验所得到的煤岩体力学参数往往很难与实际相匹配，利用这样的参数经数值分析得到的结果更难指导工程实践。因此，自 20 世纪 70 年代左右，人们开始重视由现场的实际量测信息来确定相关岩体参数，如 1976 年 H. A. D. Kristen[111]提出量测变形反分析法，进而，S. Sakurai 等[112]提出地应力和岩体弹性模量的有限元位移反分析算法。自此以后，通过现场量测得到一些物理量值如位移、载荷等，反演得到岩体的力学参数如变形模量、流变参数等，反分析法发展进入快速阶段。现场实际工程中，变形或者位移是最为容易监测和得到的数据，因此位移反分析法应用较为广泛。一般地，位移反分析法可以分为数值法和解析法，数值法按求解过程又分为逆解法（反推得到逆方程，求解反演参数）、直接法（目标函数寻优，迭代求解）、回归法（建立回归方程组，求解流变参数）及智能反演法（通过智能算法求解）等。

陈子荫[113]对圆形巷道进行位移反分析，推导出符合广义开尔文模型的流变岩体变形性质的解析解。Z. Y. Wang 等[114]、Y. P. Li 等[115]和王芝银等[116]通过对五种流变模型的有限元和边界元的位移反分析研究，提出了逆解回归法和逆解优化法；并结合增量反分析法，对地下围岩的位移进行弹塑性反演，得到地应力、弹性模量、黏弹性参数等。杨志法等[117]和薛琳等[118]采用位移反分析法和两步反分析法对一些符合麦克斯韦、广义开尔文、鲍埃丁-汤姆逊流变模型的参数解析解进行了研究。杨林德等[119-120]对硐室围岩黏弹性反演的边界元法和反演计算理论进行了深入的探讨。许宏发等[121-123]提出利用多项式回归法求解流变参数,并深入探讨了应用的可行性。薛琳[124]从岩体的蠕变柔量出发,建立了适用于隧道围岩的黏弹性力学模型识别和参数反演的解析方法。朱浮声等[125]也根据蠕变柔量和广义蠕变柔量进行了黏弹参数反演。G. Gioda 等[126]对隧道位移进行了有限元反分析,并揭示了变形机理。李庆国[127]对巷道进行了边界元反分析,并将计算结果与现场观测进行了对比。Z. F. Yang 等[128]通过引入等效弹性模量概念,由反分析确定岩土体的等效模量参数。S. Sakurai 等[129]利用现场的数据,以识别应变为目标,建立反演的流程,并对一些关键参数进行了反分析讨论。杨林德等[130]通过现场岩体的位移与时间的关系,回归建立任意时刻的围岩的等效弹性模量的时间形式,进而确定三元件黏弹性参数,对隧洞周围变形进行预测预报。S. S. Vardakos 等[131]利用离散元程序对隧道施工过程进行数值反分析,将得到的参数进行正算模拟,结果与监测数据相当。M. Sharifzadeh 等[132]对软弱围岩进行了黏弹塑性反分析,并将得到的流变参数用于预测隧道的长时变形。位移反分析法虽然一直在进步中不断发展,但存在条件简化较多(逆解法)、计算效率低下(直接法)、精度和适用范围受限(回归法)等不足或缺陷,其进一步的发展受到制约。而采用以人工神经网络为代表的智能算法求解流变参数的方法方兴未艾,经过几十年的发展已经形成完整而又不断进步的反演体系。

该方法首先利用岩体工程中的数值计算方法和理论,构建用于算法的输入和输出样本,通过反复的训练学习,形成具有预测能力的稳定系统,再利用算法进行逆辨识,得到待反演的参数。自 J. Holland[133]提出神经网络在工程中的应用原理和方法,至 2000 年前后,涌现出了一大批以神经网络、遗传算法为代表的位移反分析参数的成果,自此智能反演法逐渐成为流变参数辨识的主流。冯夏庭等[134-140]在利用智能算法反演参数方面较早地进行了积极探索和实践,提出了智能岩石理论;在人工神经网络、遗传算法及两者结合形成的进化神经网络基础上,建立了岩体(土)的力学(流变)参数及宏观位移的非线性关系,再通过算法进行空间搜索寻优以及岩体力学参数的最优辨识,算例或工程检验显示效果较好。李立新等[141]对煤矿和铁矿巷道的位移数据进行人工神经网络非线性反分析,并通过传统的黏弹性位移反分析对比修正,得到了岩体力学参数,与试验结果相近。刘杰等[142]利用加速遗传算法结合围岩黏弹性位移解析解,对岩体的物性参数和流变参数进行了反演,效率高且收敛快。赵同彬等[143]利用遗传算法对巷道的弹塑性力学参数进行了反演,反演精度较高。陈炳瑞等[144]提出遗传算法与神经网络结合的嵌入式搜索算法,用模式-遗传-神经网络实现岩体的流变参数最优辨识,并通过工程实例验证了该方法的可行性。丁秀丽[145]通过人工神经网络对岩体的蠕变参数进行辨识,并将得到的参数进行工程应用。胡斌等[146]采用遗传-神经网络结合的方法对泥岩进行蠕变参数智能反演分析,通过正算所得结果与实际较为接近。董志宏等[147-148]基于均匀设计方法,提出神经网络与遗传算法结合的软岩流变参数反演方法,对大型地下硐室进行了围岩位移预测。陈炳瑞等[149]提出将快速拉格朗日算法与粒子群算法结合,对围岩的黏弹塑性参数反演,大大提高了并行效率。Z. C. Guan 等[150]通过遗传算法和神经网络对隧道围岩的流变参数进行了反演,并通过正算验证了方法的有效性。H. B. Zhao 等[151]利用支持向量机(SVM)和粒子群算法对岩土工程中的参数进行了反演,得到了较好的预测效果。闫超[152]对煤矿巷道变形进行了人工神经网络反分析,得到了围岩的流变参数,实例表明反演方法具有可靠性。贾善坡等[153-154]利用混合粒子群算法及遗传算法,将多目标优化问题转换为单目标优化问题,并利用罚函数构建新的目标函数,同时将数值模拟嵌入运算体系中，反演结果显示该方法可以用于工程实际。王雪冬等[155]通过对煤矿巷道的位移实测，采用粒子群优化的人工神经网络对煤岩体参数进行了反演，进而通过有限元正算得出位移与实际位移误差较小的结论。叶斯俊[156]利用遗传算法对巷道的位移进行反分析，得到了围岩力学参数，且与实际对比表明计算精确度较高。石高鹏[157]对深埋煤巷进行了围岩流变参数反演，利用粒子群和人工神经网络结合的方法得到了蠕变参数，从而很好地指导了工程实践。王开禾等[158]利用模拟退火算法与神经网络对围岩力学参数进行了反分析，效果较好。

综上所述，学者们对煤岩体的流变模型参数辨识与反演进行了大量的研究，成果对于指导试验及现场实践具有非常重要的意义。且相比传统的参数反分析方法，基于智能算法的反演技术得到了长足的发展和推广。从岩体到煤岩体再到土体都有智能反分析的参与，算法也从人工神经网络、遗传算法到粒子群算法等不断发展，这都为更高效、更准确地反演参数作出了极为有意义的尝试。但是也要注意到，以往研究中涉及煤体的流变参数及力学参数反演不多；同时为数不多的相关研究依然采用较为传统的算法，计算量巨大，效率不高；另外，计算反演的模型架构有些仍然不明确，仅仅简单地对算法进行了应用而缺乏实质进步。因此，有必要采用更为先进的算法和更明确的反演模型对深部松软煤体进行位移智能反分析，从而更好地指导煤层巷道工程设计和施工。

1.3 存在的问题

(1) 针对松散煤体的流变特性研究缺乏

受限于松散煤体特殊的赋存状态，实验室较难取得研究试样，现阶段所研究的多为整体性较好、质地较为坚硬的煤块，由此得到的流变性质与实际松散煤体仍有差距。构建与现场等效的煤体，并将其用于室内精细化研究流变性状是当前的难点。

(2) 适合松散煤体的流变模型研究不足

限于松软煤试样取样的难度，对其流变模型研究相对缺乏，参照已有的煤岩的流变模型难以真实反映流变本质规律，符合松散煤体流变特性的模型仍有待建立。

(3) 巷道煤体的流变参数选取仍不够精确

对于数值模型来讲，参数的正确选取关系到结果的准确性。对于具有流变性质的煤巷，精确地选择其流变参数，在此基础上结合数值模型进行流变机理研究是当前所缺乏的。

(4) 松散煤体的流变机理仍不明确

松散煤体的流变与常规煤体流变存在明显的差异，前述总结表明，目前没有针对松散煤体流变的研究，其流变机制仍然属于空白，深入揭示松散煤体的变形、应力和塑性区的变化规律是当前研究的重点。

2 煤岩体参数反演的算法及模型

自然界中煤岩体的部分宏观表象或者微观内在属性有其确定性，但限于现阶段的试验方法、观测记录手段和科学认知等，人们对这些属性认识又确实存在一定局限性。目前普遍的共识是，认为煤岩体是高度复杂的非线性和非确定性系统，这种不确定性既有主观上的也有客观上的因素。客观上的不确定性如煤岩体应力环境、周围地质环境、岩性参数及施工影响等。而这些进一步导致在煤岩体分析计算或模拟过程中的主观不确定因素，如模型参数选取、边界选择、计算简化等。鉴于上述煤岩体工程上的不确定和不确知性，若采用的分析方法、计算方法、数据、经验等仍沿用较为确定的方法进行处理，明显地，计算或分析结果将存在较大的局限性[159]。将智能的算法手段应用于煤岩体的物理力学参数反演，已经成为参数获取研究的重要趋势。常用的神经网络等算法的非线性处理能力已经得到证实并应用，但也存在过学习、隐含层个数及节点选取经验性较强等问题。相比神经网络，根据结构风险最小化原则提出的支持向量机在结构简化、泛化性能、避免局部最优、解决过学习问题等方面有着突出的优势，因此支持向量机是继神经网络后得到广泛应用的算法。需要指出的是，支持向量机虽然有着一些突出的优势，但在效率和参数选择上还有些问题，这些问题不仅仅是支持向量机所独有的，在很多机器学习领域其他算法也同样存在，因此为推动该算法的发展，拟采用较为新颖的天牛须算法对其进行优化改进，以扩大算法的应用前景。

综上所述，基于智能反演方法强大的数据处理能力，以及对非线性和不确定参数的较好的模拟能力，本研究确定采用智能反演方法获取松散煤体研究所涉及的两种参数即“构建参数”和“流变参数”。本章重点介绍两种人工智能方法即支持向量机和天牛须算法，并研究搭建由这两种算法结合的天牛须-进化支持向量机反演模型框架。

2.1 参数反演的意义及对象

2.1.1 煤岩体参数反演意义

人们在认识煤岩体的不确定性方面存在一个循序渐进的过程。比如，一般地，在传统的岩石(体)力学领域，是根据正向思维进行计算和分析的，即根据试验建立相关模型，选取本构模型或者经验公式，再计算求解。如果将以上过程用于物理力学参数的研究，就是取样或制样、设计试验方案、测试、结果分析。逐渐地，人们发现通过逆向思维反算可以得到更为准确的物理力学参数，例如，从 20 世纪末发展起来的岩体位移反分析法，就以实测位移为根据，反演求出岩体力学参数，进而将得到的参数再输入相同模型中正算，得到的结果精确度较高、可靠性较好，遂逐步得到认可。上述获得参数的过程示意如图 2-1 所示。

再经过发展，以人工神经网络等为代表的人工智能方法可以模拟人脑的不确定性思维、反馈思维和系统思维，在学习、非线性处理、分类识别等方面具有极高的效率和准确性，人们

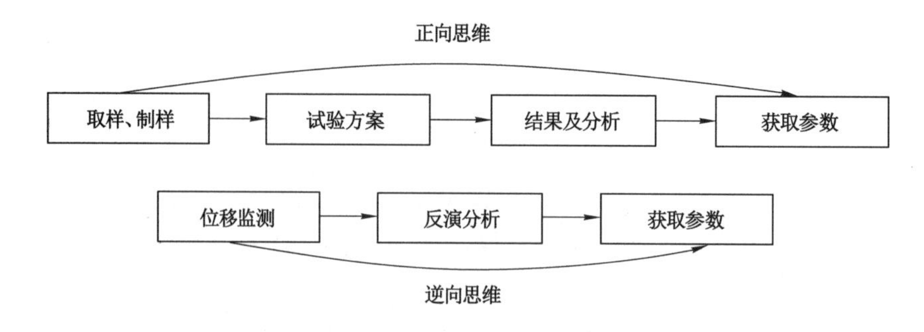

图 2-1　正逆向思维获取煤岩体物理力学参数示意

逐渐利用这些方法处理高度复杂的反演问题，以得到最优的结果。这种方法和思路极好地契合了岩体所具有的不确定性。因此，原来由正向室内或室外试验才能得到的物理力学参数，在反演的思路下，并通过高效的反演方法，可以简单准确地获取，这极大地促进了该方法的发展。这种思路和技术对一般通过试验而获取参数的影响主要有：(1) 大大降低了试验的数量。在有限的数据下，通过学习可得到成熟的和具有推理计算性质的模型结构，进而可以得到较好的参数结果。(2) 极大地减少了获取参数的经验性。将传统的多参数拟合公式分析规律法转换为参数高度非线性关系的自我建立，避免了人为选取参数拟合公式时所形成的误差甚至错误。(3) 积极推动着试验和模型的进步。参照反演得到的较为准确可信的参数，可以优化试验方法，或者设计相关试验以得到期待的试验结果，抑或输入拟采用的计算模型中得到预期模拟结果等，进一步提高了试验的成功率和模型的准确性。

2.1.2　反演对象及其特点

在煤岩体研究领域，一般通过室内外试验得到物理力学参数如密度、孔隙率、含水率、强度、弹性模量、泊松比等，这些参数是试验的结果，从另外一个角度也可以说这些煤岩体固有参数决定着试验结果。因此，若能够从结果反演出相关决定参数，那么对于试验结果的控制、优化以及预测，和试验方案的及时调整等无疑是非常重要的。一般地，该领域常见的两类"参数"总结如下：

(1)"构建参数"。体现更多的是煤岩体的物理性质，如在软煤或岩石材料研究中常采用的型煤或类岩石，一般通过室内多次大量制作试样并试验测定结果，直至所制作的等效煤岩体与现场相似，涉及相似材料的配合比、成型时间、含水率等参数，决定着等效煤岩体的孔隙率或强度等。测定等效参数时存在以下问题：① 试验工作量巨大；② 试验结果一般通过常规的线性和非线性公式拟合，准确性难以保证，推广性较差；③ 当多个影响参数(变量)决定两个或两个以上结果时，常规的拟合手段难以实现；④ 变量间相互影响，变量间关系难以确定。

(2)"力学参数"。体现的是煤岩体的力学性质，这一类参数非常普遍，如煤岩体强度参数(单轴抗压强度、内聚力、内摩擦角等)，以及流变力学参数(剪切弹性模量、黏滞系数等)等，这些参数是煤岩体的内在属性，控制决定着煤岩体的力学强度和流变变形等。测定以上参数存在的问题是：① 由于煤岩体是非均质、各向异性的非线性材料，同时受赋存状态影响，测定结果一般具有较大的波动性，难以用一个或几个参数计算得到准确结果，如通过本构模型计算得到的煤岩体流变参数应变与实测相差一般较大；② 参数间既相互影响又各自决定着结果，参数变量间关系复杂。

综上所述，本书主要研究煤岩体中的特殊一类煤体即松散煤体，并对其所涉及的两类典型“参数”进行反演：一类是室内制作等效现场的煤体时的试验煤体“构建参数”，涉及成型压力、成型时间、含水率等，试验结果为煤体孔隙率和强度；另外一类是煤体的“流变参数”，涉及黏滞系数、剪切体积模量等，试验结果为现场变形。借鉴人工智能对输入参数与输出结果间的学习记忆、联想预测及非线性映射的优势，可以高效精确地由结果得到输入“参数”。具体松散煤体研究中所涉及的“参数”示意如图 2-2 所示。

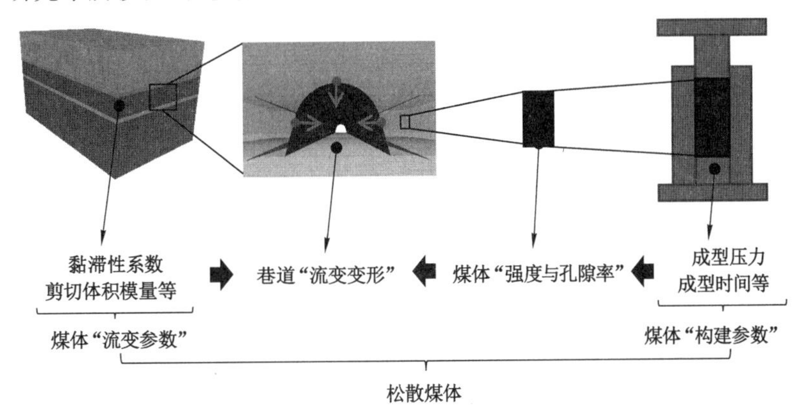

图 2-2　松散煤体研究中涉及的参数

2.2　支持向量机原理

从以往实例中学习，将过去数据和知识进行归纳以认识客观世界是人类智慧的重要表征。这种从以往知识中获取规律的能力称为学习能力；用获得的规律来解释并预测未知，这种能力称为推广能力，也叫泛化能力。在人工智能领域，人们希望用计算机达到或接近人的学习能力以实现某种功能，这个过程可以称为机器学习。它通过设计一些模型，用已知的数据进行学习并找出数据间的内在关系，从而对数据进行预测和判断，使其有较好的泛化能力。机器学习是人工智能领域的一个重要分支，从 20 世纪中叶开始，一些机器学习的优秀成果如神经网络、遗传算法等逐渐出现并发展，再进一步，结合一些新的理论如统计学习理论，新的学习算法如支持向量机逐渐提出并被广泛应用。与神经网络相比，支持向量机有更坚实的数学理论基础，可以解决更高维度的建模问题，具有更大的推广价值，是继神经网络后的研究热点。以下对机器学习所涉及的相关理论和数学背景进行介绍，进一步阐释支持向量机的原理。

2.2.1　机器学习理论

1）机器学习模型[160]

机器学习模型对某系统的输入与输出之间的关系作出估计，并尽可能地对未知的输入作出准确的预测，其基本模型如图 2-3 所示。支持向量机是典型的核机器学习算法，由统计学原理发展得到。

若将机器学习问题反映到数学问题就是：因变量 y 与自变量 x 存在着一个有待验证的联合概率分布函数 $F(x,y)$，若 x 和 y 具有确定的关系，则可以看作特例。对于 n 个独立分布

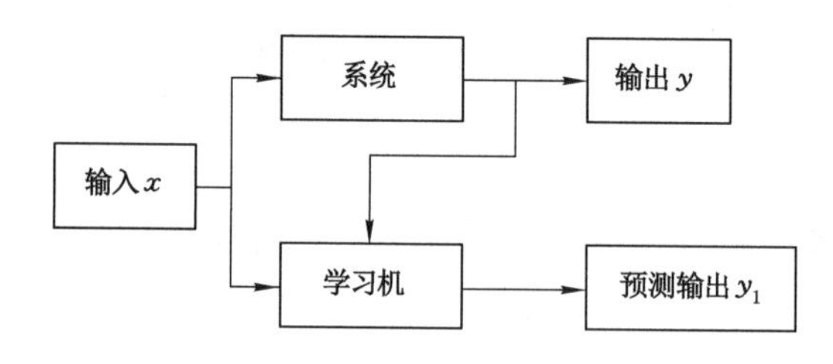

图 2-3　机器学习基本模型

的观测样本，$(x_1,y_1),(x_2,y_2),\cdots,(x_n,y_n)$，机器学习就是为了寻找最佳关系 $f(x,w)$，使得期望风险最小，即

$$\min R(w)=\int L(y,f(x,w))\mathrm{d}F(x,y) \tag{2-1}$$

式中，积分表示对样本的所有可能取值多重积分；w 为函数的广义参数；$L(y,f(x,w))$ 表示用 $f(x,w)$ 对 y 进行预测而造成的损失。不同学习问题有不同损失函数，例如，模式识别、函数逼近及概率密度估计等损失函数。

所以机器学习的实质是从独立分布的样本出发，最小化风险泛函，确定广义参数的过程。

2）经验风险最小化

式(2-1)表示预测函数全部训练样本上的出错率的期望值，所以最小化它的条件通过联合概率分布函数 $F(x,y)$获得。定义经验风险最小化规则(ERM)：

$$R_{\mathrm{emp}}(w)=\frac{1}{n}\sum_{i=1}^{n}L(y_i,f(x_i,w)) \tag{2-2}$$

对于模式识别、函数回归问题，其经验风险分别代表训练样本错误率、平方训练误差；对于密度估计问题则相当于最大似然估计方法。然而上述公式最小化的条件是样本足够多，但在实际中很难达到满意的结果。

3）模型复杂度与推广能力

ERM 原则是使学习误差最小化以达到预测误差的最小值。前期人们过多地关注最小化 $R(w)$，后来发现，这会导致机器泛化能力极大的降低，如神经网络中的过学习问题。鉴于在有限的数据下，训练的精确度与模型的泛化能力是不能同时兼得的，例如，模型越复杂，得到的误差可能越小，而推广性却大大降低。在此基础上，统计学习理论为该问题提供了新的思路。

2.2.2　统计学习理论

为克服由经验风险最小化准则给机器学习带来的缺陷，瓦普尼克(V. N. Vapnik)提出统计学习理论，该理论较为系统地研究了经验风险最小化准则成立条件以及经验风险和期望风险的关系[161]。在其结构风险最小化原则和 VC 维的概念中，说明了期望风险最小化的条件就是使经验风险和 VC 维最小。支持向量机据此理论而产生，成为新的分类方法。

1）学习过程一致性的条件

学习过程一致性表达的是当训练样本数据趋向无穷多时，最小化经验风险就可视为最小化真实风险，但仅当一致性条件得到满足时，上述结果才能得到保证。经验风险与期望风险之间存在如图 2-4 所示关系。

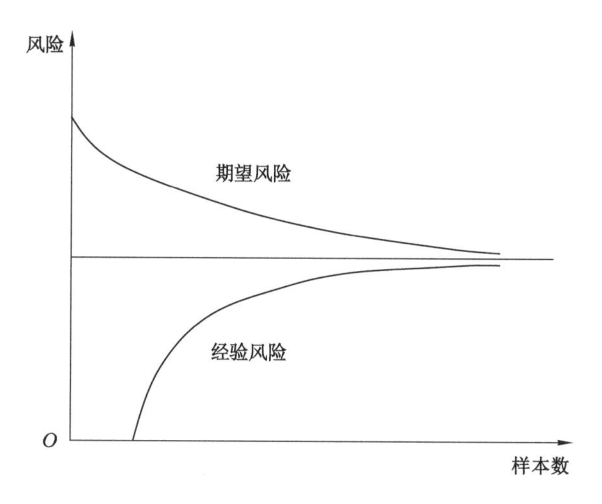

图 2-4　经验风险与期望风险的关系

对于有界损失函数，经验风险最小化学习一致性的充分必要条件是经验风险收敛于期望风险 $R(w)$。

$$\lim_{n \to \infty} P[\sup_{w}[R(w) - R_{emp}(w)] < \varepsilon] = 0 \quad \forall \varepsilon > 0 \tag{2-3}$$

式中　P——概率；

$R(w)$，$R_{emp}(w)$——期望风险和训练样本的经验风险。

式(2-3)指出了统计学习理论的实质在于，通过求解使经验风险最小化的函数来逼近能使期望风险最小化的函数。另外，统计学习理论举出了一些判断这些经验风险函数集合性能指标，如 VC 维概念。

2）函数集的 VC 维

对于一个指示函数集 F，若存在 h 个样本能够被函数集中的函数按所有可能的 2^h 种形式分开，则称函数集能把 h 个样本打散，函数集的 VC 维就是打散它的最大样本数目 h。它是表示学习机器分类能力的指标，一般实数函数集合的 VC 维可以用值域关系式转换为指示函数。可证明，损失函数集 $Q(x,w) = L(y,f(x,w))$ 和被预测的函数集 $\{f(x,w)\}$ 含有相同的 VC 维。

3）推广性的界

基于 VC 维的概念，统计学习理论研究了不同函数集下的期望风险与经验风险的关系，即推广性的界。主要结论如下，对于指示函数集 F 中的全部函数式，经验风险与期望风险至少以 $1 - \eta$ 的概率使式(2-4)成立：

$$R(w) \leqslant R_{emp}(w) + \sqrt{\frac{h[\ln(2n/h)] + 1 - \ln(\eta/4)}{n}} \tag{2-4}$$

式中　h——函数集的 VC 维；

n——样本数；

η——变量，在[0,1]范围内。

所以，应用经验风险最小化规则时，学习机器的期望风险 $R(w)$ 可分成两部分，即训练样本集的经验风险以及置信界限：

$$R(w) \leqslant R_{emp}(w) + \Phi \tag{2-5}$$

其中，置信界限与 n/h 相关，随着 n/h 减小，置信界限增大但误差也会增大，因此它表示的是经验风险近似期望风险误差的上界限。当样本数 n 增多时，置信界限变小，最小经验风险的最优结果也更接近真实的最佳结果，因此在设计时，既要考虑最小化经验风险，也要减小 VC 维，达到精度和推广性的最佳效果。

4）结构风险最小化

设函数集 $W=\{f(x,w),w\in\Omega\}$ 划分成函数子集的序列 $W_1\subset W_2\subset\cdots\subset W_k\subset\cdots\subset W$，并让每个子集函数参照置信界限 Φ（VC 维）的大小进行排列，表示为 $h_1\leqslant h_2\leqslant\cdots\leqslant h_k\leqslant\cdots\leqslant h$。

结构风险最小化（SRM）就是从这些函数集中寻找一个经验风险和置信界限相加最小的集合，满足最小化期望风险，此时问题的最优函数称为该子集中最小化经验风险的函数。

根据以上规则，机器学习的主要工作包含模型选择和参数估计。结构风险最小化有多种方式可以实现，支持向量机是效果最好的一种。

2.2.3 支持向量机

支持向量机是建立在统计学习理论的 VC 维理论和结构风险最小原则基础之上的，根据有限的样本信息在模型的复杂性和学习能力之间寻求最佳的平衡，以获得最好的推广能力[162-165]。其具有可避免过度学习现象以及局部极值问题，引入的核技术可以解决维数问题，算法复杂程度与样本维数无关等优点。

1）最优分类超平面

以线性可分的两类情况为例，如图 2-5 所示。图中实心圆与实心三角形代表两类不同样本，M 表示能够无差错分开两类数据的分类线，M_1，M_2 各自代表距 M 最近点构成的平行直线，两类数据的分类间隔就是 M_1 和 M_2 的距离值，该线既有分类作用，又可以实现分类间隔最大化。当在高维时，该线为最优分类面。

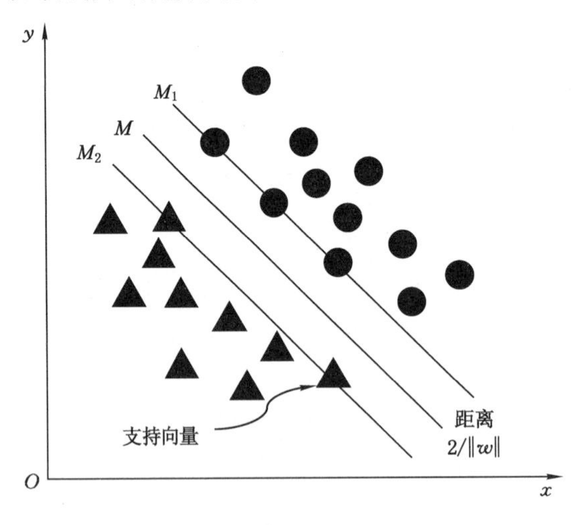

图 2-5 最优分类面的简化图

进一步地，设线性可分样本集为 (x_i,y_i)，$i=1,2,\cdots,n$，$x\in R$，$y\in\{1,-1\}$ 是类别号。分类超平面方程为：

$$w\cdot x+b=0 \tag{2-6}$$

式中 w——该分类曲面的法线方向，是可调的权值向量；

b——偏置，决定相对原点的位置。

归一化分类面的判别函数，使样本满足下列要求：

$$\begin{cases} w \cdot x_i + b \geqslant 1 & y_i = 1 \\ w \cdot x_i + b \leqslant -1 & y_i = -1 \end{cases} \tag{2-7}$$

且由图 2-5 可知，分类面 $w \cdot x + b = 1$ 与原点间垂直距离为 $|1-b|/\|w\|$，而分类面 $w \cdot x + b = -1$ 与原点间垂直距离为 $|-1-b|/\|w\|$，则分类间距为 $2/\|w\|$，所以最大化该间距转化为最小化 $\|w\|$，同时符合式(2-8)：

$$y_i[(w \cdot x_i) + b] - 1 \geqslant 0 \qquad i = 1,2,\cdots,n \tag{2-8}$$

所以，上述情况的最佳结果会成为最优分类面，在线上的样本点称为支持向量，这些样本点决定了问题的最优分类超平面。

2）线性情况

对于线性可分情况，寻找最优分类超平面转换为有约束条件下的最小化函数问题，约束条件如式(2-7)，有下列关系：

$$\varphi(w) = \frac{1}{2}\|w\|^2 = \frac{1}{2}(w \cdot w) \tag{2-9}$$

为求式(2-9)的最小值，引入拉格朗日函数：

$$L(w,b,\alpha) = \frac{1}{2}(w \cdot w) - \sum_{i=1}^{n} \alpha_i \{y_i[(w \cdot x_i) + b] - 1\} \tag{2-10}$$

式中 α——拉格朗日系数，大于 0。

求解式(2-10)可获得 w 与 b。

令由式(2-10)得到的 w 的偏微分以及 b 的偏微分为零，可得对应的对偶形式：

$$\frac{\partial L(w,b,\alpha)}{\partial w} = w - \sum_{i=1}^{n} \alpha_i y_i x_i = 0 \tag{2-11}$$

$$\frac{\partial L(w,b,\alpha)}{\partial b} = \sum_{i=1}^{n} \alpha_i y_i = 0 \tag{2-12}$$

进而得到关系式：

$$w = \sum_{i=1}^{n} \alpha_i y_i x_i \tag{2-13}$$

$$\sum_{i=1}^{n} \alpha_i y_i = 0 \tag{2-14}$$

代入拉格朗日函数，化简得：

$$L(w,b,\alpha) = \sum_{i=1}^{n} \alpha_i - \frac{1}{2}\sum_{i,j=1}^{n} \alpha_i \alpha_j y_i y_j (x_i \cdot x_j) \tag{2-15}$$

通过求偏微分，将原函数的求解转换为下面对偶问题：

$$\begin{cases} \max L(\alpha) = \sum_{i=1}^{n} \alpha_i - \frac{1}{2}\sum_{i,j=1}^{n} \alpha_i \alpha_j y_i y_j (x_i \cdot x_j) \\ \text{s.t.} \sum_{i=1}^{n} \alpha_i y_i = 0 \qquad \alpha_i > 0 \end{cases} \tag{2-16}$$

式(2-16)为一个不等式约束的二次规划问题，根据最优性条件 Karush-Kuhn-Tucker

条件(KKT 条件)，该优化问题的解必须满足：

$$a_i[y_i(w \cdot x_i + b) - 1] = 0 \qquad i = 1,2,\cdots,n \tag{2-17}$$

由式(2-17)可以看出，大部分样本数据 $a_i^* = 0$，而只有少数样本数据 $a_i^* \neq 0$，刚好对应满足式(2-8)的等号成立，这些样本就是支持向量。

如果 a_i^* 为最优解，则有：

$$w^* = \sum_{i=1}^{n} \alpha_i^* y_i x_i \tag{2-18}$$

这说明学习样本的线性组合成为本问题的最优分类面对应的权系数，则最优分类面可以表示为：

$$f(x) = \mathrm{sgn}\{(w^* \cdot x) + b\} = \mathrm{sgn}\left\{\sum_{i=1}^{n} \alpha_i^* y_i (x_i \cdot x + b^*)\right\} \tag{2-19}$$

其中，sgn(　)为符号函数。非支持向量的样本数据中，$a_i^* = 0$，所以该函数的求解仅需要获取支持向量即可，b^* 通过式(2-8)获得。

当线性不可分时，存在样本数据点不符合式(2-8)的要求，所以要在式(2-8)中添加松弛变量 ξ_i（要求不小于零），问题转化为：

$$y_i[(w \cdot x_i + b)] - 1 + \xi_i \geqslant 0 \qquad i = 1,2,\cdots,n \tag{2-20}$$

因此，广义最优分类面问题转变为以式(2-20)为限制的最小化公式：

$$\varphi(w,\xi) = \frac{1}{2}\|w\|^2 + C\left(\sum_{i=1}^{n} \xi_i\right) \tag{2-21}$$

式中，$\|w\|^2$ 的作用是使分类间隔达到最大，从而使分类错误降到最小；C 为设定的常数，用来表示惩罚样本数据错误分类的情况。C 值变大可减少分类错误；该值变小，重点集中于分离超平面，可克服过学习的缺陷。可以通过调节样本和优化算法来取 C 值。

在条件式(2-20)下，求解式(2-21)的最小值，这也是一个二次规划问题，其拉格朗日函数定义为：

$$L(w,b,\alpha) = \frac{1}{2}(w \cdot w) + C\left(\sum_{i=1}^{n} \xi_i\right) - \frac{1}{2}\sum_{i=1}^{n} \alpha_i \{y_i[(w \cdot x_i + b)] - 1 + \xi_i\} - \sum_{i=1}^{n} r_i \xi_i \tag{2-22}$$

式中，α_i 和 r_i 均大于 0，对参数 w,ξ,b 偏微分并使其等于零而得。

其对偶问题可以写成：

$$\begin{cases} \max L(\alpha) = \sum_{i=1}^{n} \alpha_i - \frac{1}{2}\sum_{i,j=1}^{n} \alpha_i \alpha_j y_i y_j (x_i \cdot x_j) \\ \mathrm{s.t.} \sum_{i=1}^{n} \alpha_i y_i = 0 \qquad 0 < \alpha_i < C \end{cases} \tag{2-23}$$

由上述推导过程可知，线性不可分情况和线性可分情况的差别在于约束条件换成更为严格的 $0 < \alpha_i < C$，其他的如权值 w 和阈值 b 都相同，因此可认为线性不可分为线性可分的特例。

3）非线性情况

设有非线性映射 $\Phi: R^d \to M$，建立最优分类面，学习样本只运用了特征集合里的点积 $\Phi(x_i) \cdot \Phi(x_j)$。因此若找到一个函数 K 使得：

$$K(x_i,x_j)=\Phi(x_i)\cdot\Phi(x_j) \tag{2-24}$$

于是在非线性时仅进行内积计算就可以完成转换。通过转换，特征空间变成新的空间集合，求解公式变为：

$$Q(\alpha)=\sum_{i=1}^{n}\alpha_i-\frac{1}{2}\sum_{i,j=1}^{n}\alpha_i\alpha_j y_i y_j K(x_i\cdot x_j) \tag{2-25}$$

综上，支持向量机的基本思想就是利用这种内积函数使得原来的特征空间转换成新的高维特征集合，再寻找最优分类面。

4）核函数及其选择

差异的内积(核)函数会产生差异的支持向量机，目前较为通用的有以下三种，即多项式类型、高斯型和S型核函数：

$$K(x,x_i)=[(x\cdot x_i)+1]^q \tag{2-26}$$

$$K(x,x_i)=\exp(-\frac{|x-x_i|^2}{\sigma^2}) \tag{2-27}$$

$$K(x,x_i)=\tan h[(x\cdot x_i)+c] \tag{2-28}$$

如何构建和选取核函数及其相关参数是支持向量机算法的关键，只要选定了核函数，只需要选择相关参数即可应用。另外，通过修正核函数可以得到不同种类的分类曲面。一个典型的支持向量机结构如图2-6所示。

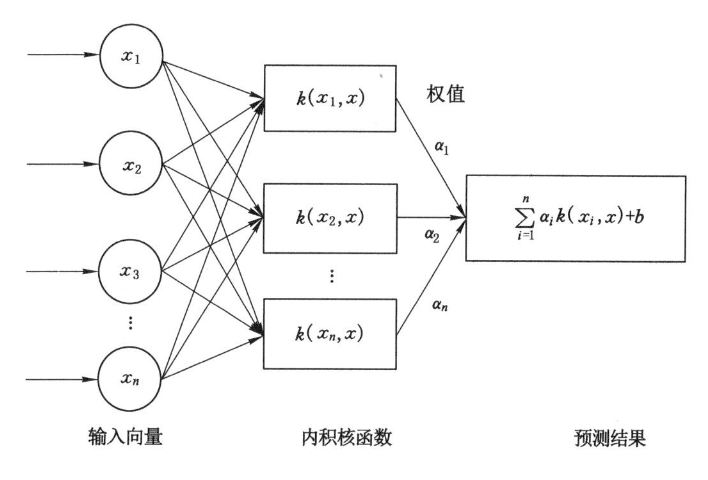

图2-6 支持向量机结构示意

5）支持向量机回归

支持向量机不仅可以解决模式识别问题，也可以应用于与其思路类似的函数拟合问题。与上述理论类似，定义不敏感损失函数 ε，如式(2-29)。

$$L^{\varepsilon}(x,y,f)=|y-f(x)|_{\varepsilon}=\begin{cases}0 & y-f(x)\leqslant\varepsilon\\ |y-f(x)|-\varepsilon & \text{其他}\end{cases} \tag{2-29}$$

式中，f 为域 x 上的实值函数，引入松弛变量 ξ_i 和 $\hat{\xi}_i$，问题转换为：

$$\min\varphi(w)=\frac{1}{2}\|w\|^2+C(\sum_{i=1}^{n}\xi_i+\hat{\xi}_i) \tag{2-30}$$

约束条件变为：

$$\begin{cases} y_i-[(w\cdot x_i)+b]\leqslant \varepsilon+\xi_i \\ [(w\cdot x_i)+b]-y_i\leqslant \varepsilon+\hat{\xi}_i \\ \hat{\xi}_i,\xi_i\geqslant 0 \qquad i=1,2,\cdots,n \end{cases} \tag{2-31}$$

其中,常数 C 大于零。

进一步地,构造拉格朗日函数,转化为对偶问题:

$$L(w,b,\hat{\xi}_i,\xi_i)=\frac{1}{2}(w\cdot w)+C(\sum_{i=1}^{n}\xi_i+\hat{\xi}_i)-\sum_{i=1}^{n}\alpha_i[\varepsilon+\xi_i-y_i((w\cdot x_i)+b)]-$$
$$\sum_{i=1}^{n}\hat{\alpha}_i[\varepsilon+\xi_i-y_i((w\cdot x_i)+b)]-\sum_{i=1}^{n}(\eta_i\xi_i+\hat{\eta}_i\hat{\xi}_i) \tag{2-32}$$

式中 $w,b,\hat{\xi}_i,\xi_i$——原变量;

$\alpha_i,\hat{\alpha}_i,\hat{\eta}_i,\eta_i$——对偶变量,且大于或等于 0。

进一步地,将式(2-32)微分回带,可得 w 及带估计函数 $f(x)$:

$$\begin{cases} w=\sum_{i=1}^{n}(\alpha_i-\hat{\alpha}_i)x_i \\ f(x)=\sum_{i=1}^{n}(\alpha_i-\hat{\alpha}_i)(x_i,x) \end{cases} \tag{2-33}$$

其中,支持向量为使 $\alpha_i-\hat{\alpha}_i\neq 0$ 的 x_i,变量 w 体现的函数复杂程度依赖支持向量总数。

6) 支持向量机学习算法的步骤及存在的问题

从上述支持向量机的基本原理阐述中可以看出,在用其处理实际问题时主要是利用学习样本构建相应的支持向量机学习模型,具体步骤如下:

(1) 获得学习样本数据 $\{x_i,y_i\}$。

(2) 选择非线性变换的核函数,并取适当的相关参数。

(3) 形成二次规划问题并求解,如式(2-16)。

(4) 将求得的 α 或 b 等代入式(2-19)或式(2-33),得到用于分类或者函数拟合的支持向量机模型。

(5) 将数据代入模型,获得预测结果。

虽然多年的理论和试验验证表明支持向量机具有精度高、可避免过学习及泛化能力强等优点,但其还有一些不足需要完善,如样本的学习效率有待提升,核函数构造多依赖经验,参数选择多为随机性获取,或者交叉验证但需要遍历所有数据点,效率低下。因此,需要针对相关缺陷进一步对其进行改进。

2.3 天牛须算法原理

如上所述,支持向量机是具有较强的非线性拟合和高维模式能力的学习方法,一般应用高斯函数作为核函数处理实际问题,但如何选择最佳的参数如惩罚因子等需要进一步优化。可采用具有高效寻优、能简单快速跳出局部极值优点的新型寻优算法——天牛须算法,搜索支持向量机的关键参数,提高支持向量机的学习性能。

天牛须算法(BAS)也称为甲壳虫搜索算法，于 2017 年提出，为一种新的生物启发式智能全局优化算法[166-167]。BAS 可以在不知道函数的具体形式和梯度信息的条件下实现高效率的寻优，运算量小，需要调整的参数更少，时间消耗少，更易实现。

2.3.1 天牛须抽象模型

天牛具有两只比身体还长的触角，可以在很远的位置感受到食物的气味，然后进行觅食行为。觅食行为主要分为移动和转向行为。首先，天牛使用触角探索周围的空间，找到食物气味最大的方向，并转向该方向，然后移动。比如右边触角感受到的气味强度比左边的大，则下一步天牛就往右边移动，否则就往左边移动。在移动一定距离后，再用触角感知探索周围空间，寻找食物气味最大方向，再转向、移动，如此进行下去直到寻找到食物。因此，食物的气味可以看作优化问题中的适应度函数。这个函数在空间中的每个点值都不同。天牛的目的是寻找到食物的位置，也就是在全局中气味最大的点。综上所述，参照天牛的觅食行为，可以抽象如下模型(图 2-7)：

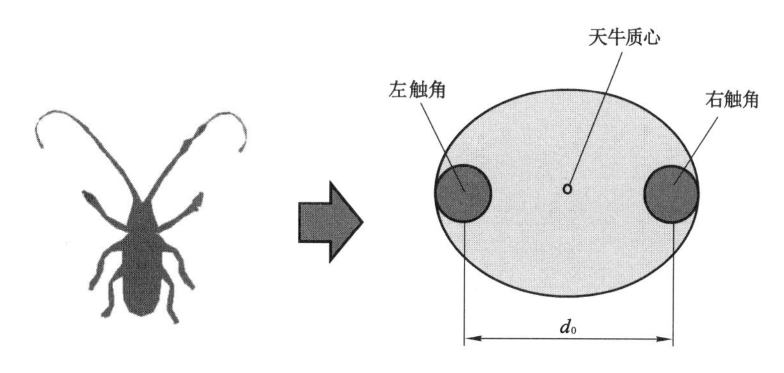

图 2-7 天牛的抽象算法模型

(1) 天牛的运动行为处于三维空间，因此可以认为 BAS 对函数寻优时，天牛在一个任意维的空间觅食；

(2) 将天牛的身体抽象为一个质点，左右触角位于质点两边，并关于质心的中心对称，两须的距离称为身长；

(3) 天牛的步长与身长成固定的比例；

(4) 天牛每前进一个步长后，触角的朝向是随机的。

2.3.2 天牛须算法流程

将天牛的觅食行为转化为优化的搜索算法的具体流程(图 2-8)为：

(1) 初始化参数，对于一个 k 维最优问题，将质心坐标设为 x，左触角搜索区域位置坐标设为 x_l，右触角搜索区域位置坐标设为 x_r，初始身长也即两触角之间的长度为 d_0，其值应该足够大以覆盖适当的搜索区域，便于在开始时跳出局部最小点，初始步长设为 δ。

(2) 随机生成 k 维向量表示天牛左须指向右须的向量，并将其归一化为单位向量：

$$b = \frac{\text{rand}(k,1)}{\| \text{rand}(k,1) \|} \tag{2-34}$$

式中，rand( )表示生成 k 维的随机向量。

因此左须可以表示为：

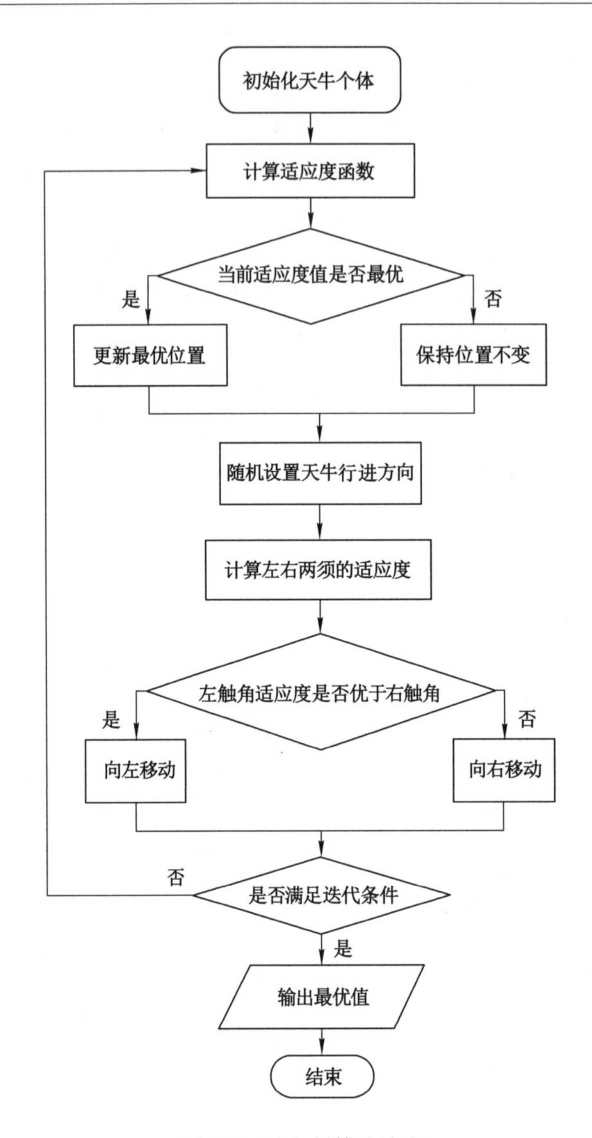

图 2-8 天牛须算法流程

$$x_l = x^t + \frac{d^t \cdot b}{2} \tag{2-35}$$

右须可以表示为：

$$x_r = x^t - \frac{d^t \cdot b}{2} \tag{2-36}$$

式中 x^t ——第 t 次迭代时天牛质心的位置；

d^t ——第 t 次迭代时天牛两须的距离。

(3) 计算两须 x_l,x_r的适应度值 $f(x_l)$ 和 $f(x_r)$，根据 $f(x_l)$ 和 $f(x_r)$ 的大小关系判断天牛的前进方向：

$$x^t = x^{t-1} - \delta^t \cdot b \cdot \mathrm{sign}[f(x_r) - f(x_l)] \tag{2-37}$$

式中 sign——符号函数；

δ^t——第 t 次迭代时天牛的移动步长。

(4) 计算天牛移动后的适应度值,并更新天牛的左右两须的距离和步长:

$$\delta^t = A \cdot \delta^{t-1} \tag{2-38}$$

$$d^t = B \cdot d^{t-1} \tag{2-39}$$

式中 d^t——第 t 次迭代时天牛两须的距离;

A,B——天牛两须距离的衰减系数和步长的衰减系数,一般均取 0.95。

(5) 判断是否符合迭代结束条件。符合条件结束迭代,否则重复步骤(2)、(3)、(4)直到符合结束条件。

2.4 进化支持向量机

2.4.1 支持向量机参数选择

由前述问题所提及的,支持向量机的学习和泛化能力主要由其模型的选取和相关参数确定,目前在模型选取和参数选择上还欠缺有效的方法。选取高斯核函数,其中包含的惩罚参数 C 和样本输入核函数空间参数 σ 是确保支持向量机性能的关键参数。C 主要反映对误判数据的惩罚程度,C 趋向无穷大时,则全部的限制均要满足,样本数据拟合精度高,泛化能力很差;C 越小则对学习样本的拟合误差惩罚就越小,训练误差变大,模型的推广性能变差,出现"欠学习"情况。所以每一个数据集存在一个较为合适的 C 值,使得支持向量机推广性最佳。σ 代表核的宽度,σ 太小会导致过拟合,太大会使得支持向量机的回归函数过于平缓。因此,参数 σ 和 C 都从不同角度影响着支持向量机回归函数的形状,对支持向量机学习能力和泛化能力影响较大。

由上述分析可知,为提高支持向量机的性能,优化确定其参数是算法的一个关键,目前较为传统的支持向量机参数选择方法有以下三类:(1) 经验法,该方法主要应用一些经验公式或者类似案例,随机性较强,主要取决于应用者的主观思维,缺乏理论基础,参数可靠性不足,应用受到严重限制。(2) 交叉验证法[168],当参数和样本较多时,该方法计算量较大,耗时长;当学习样本有限时,数据划分得到的部分样本不能真实反映全体数据的分布,实际应用中无法满足要求;另外,它需要先确定参数的合理范围,而实际情况下往往难以事先得知范围,所以有时候难以寻找到最优解。(3) 网格搜索法[169],该方法主要受网格划分密度影响,过密则计算量太大,过稀疏则可能会漏掉最小值所处的区域。因此,有必要在支持向量机关键参数选取上采用更为智能和高效的方法。

2.4.2 天牛须算法搜索支持向量机参数步骤

本小节主要介绍的参数选择方法是将天牛须算法引入支持向量机的样本训练过程中。该思路将天牛须算法的极佳的全局寻优能力和支持向量机的较好的学习能力和泛化能力巧妙地结合起来,将原来支持向量机参数的随机选取进化为高效、可靠有依据的选定,进一步增强支持向量机的能力,建立的进化的 SVM 称为 ESVM。因此,以高斯核函数作为支持向量机的所选核函数,对关键参数 σ 和 C 寻优,进一步阐述天牛须算法搜索支持向量机参数的过程。

(1) 建立目标函数

天牛须算法优化的依据是目标函数值,目标函数值是个体空间到实数空间的映射,因此采用天牛须算法进行支持向量机参数搜索时的目标函数可建立为：

$$\min F(C,\sigma) = \mathrm{MSE} \tag{2-40}$$

式中，MSE 为支持向量机的均方误差。将参数 C 和 σ 作为寻优变量来搜索最优的支持向量机参数。

（2）初始化天牛须算法参数

如上所述的天牛须算法，对其包含的主要参数如天牛初始身长 d_0，初始移动步长 δ，天牛身长衰减系数 A，移动步长衰减系数 B，迭代次数 t，问题维度 k 等进行设置，同时根据具体问题，可设置寻优变量 C 和 σ 的取值范围，以便于天牛须的快速搜索。

（3）算法迭代条件

设置好天牛须初始参数后，计算天牛的适应度函数值，并调整天牛的位置和行进方向，根据迭代准则选择达到或小于寻优精度或者达到迭代次数，返回当前的最优结果作为优化后的输出，完成最佳的 C 和 σ 寻优。具体天牛须寻优支持向量机参数构建 ESVM 算法流程如图 2-9 所示。

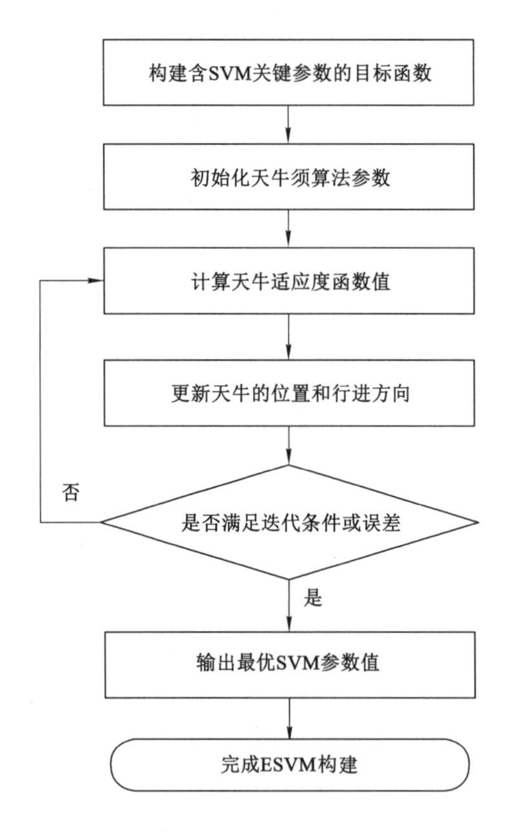

图 2-9　BAS 寻优 SVM 参数构建 ESVM 算法流程

综上所述，当处理实际问题时，天牛须算法先对支持向量机模型进行优化，寻找到最优的 C 和 σ 并代入支持向量机，再执行预测或测试样本的模拟学习，对比分析等。

2.5 煤岩参数反演的 BAS-ESVM 模型

如上讨论分析可知，天牛须算法具有极好的全局寻优能力，是一种自动寻找目标函数最优解的算法，其不仅可以优化支持向量机的参数信息，还可以应用到其他涉及目标函数寻优的问题。而在众所周知的岩石力学领域，因其是高度复杂的非线性系统，包含太多的不确定性和未知关系，所以采用常规的手段难以完全建立试验的输入控制与测试结果输出关系，而属于人工智能的机器学习提供了解决思路。因此，本节利用支持向量机的小样本数据和高维模式识别方面的优越性，同时利用天牛须算法在复杂函数中搜索最优解的优势，针对岩石力学领域的传统的试验输入-试验输出，采用逆向思维，建立试验输出-试验输入的反演算法，反演得到最佳的输入控制参数，从而从源头上提高试验及相关参数的准确性，为参数精确控制提供解决方案。

天牛须算法用来搜索最优解，用支持向量机建立输入参数与输出结果的复杂非线性关系，同时将两者巧妙地结合并有序地搭建在一起，具体提出如图 2-10 所示的参数反演流程。

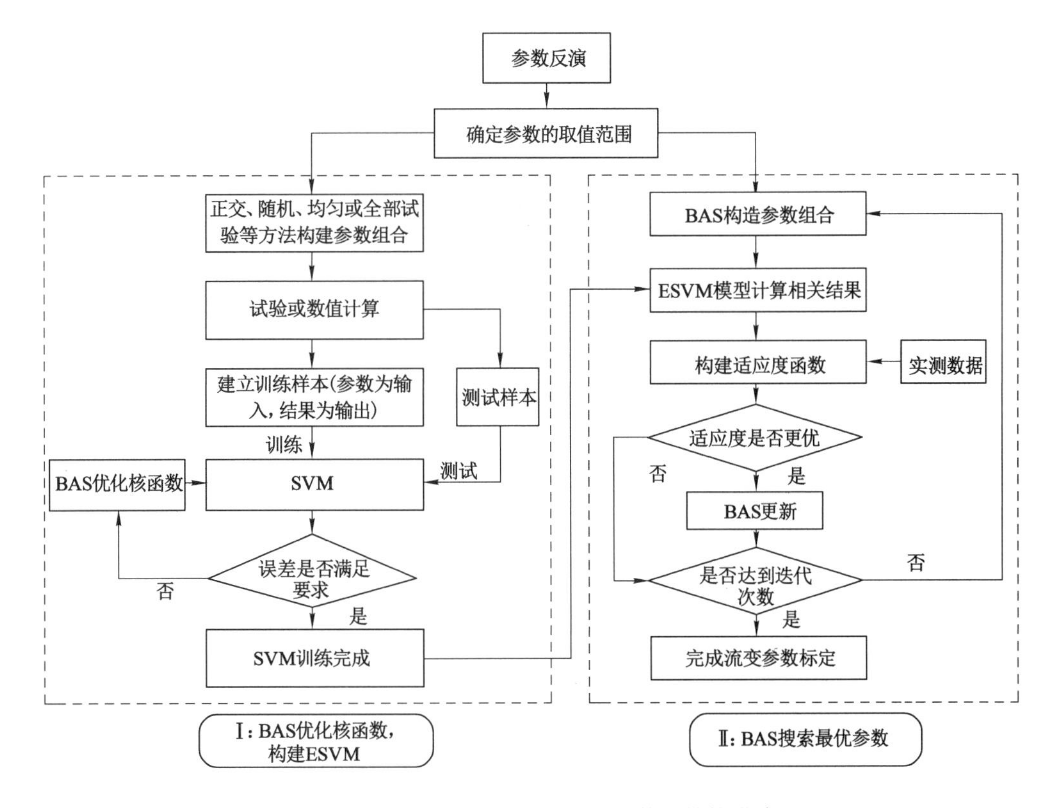

图 2-10　参数反演的 BAS-ESVM 算法结构搭建

如图 2-10 所示，上述参数反演的实现主要包含两大步骤：Ⅰ主要通过天牛须算法优化支持向量机的参数如 C 和 σ 值，具体的实现步骤已经在上节阐述；Ⅱ通过天牛须算法搜索由训练好的 ESVM 计算输出的结果和与实测数据最接近的输入参数。Ⅰ和Ⅱ部分按照顺序有序地搭建和结合在一起。具体实施步骤阐述如下：

(1) 确定待反演参数的个数及相应的取值区间，针对具体问题选择具有代表性和决定性的关键参数，其范围可以由试验、试算、经验、类比等方式得到。

(2) 构建参数样本。一般有多种方式，若参数个数较多，划分的水平也较多，可采用正交试验方法、均匀试验方法或者随机取样方法；若参数个数和水平在可控范围内，则可以选择完全试验方法，该方法可以完全反映试验的各种情况，是最佳选择，但也存在试验量较大等缺点。实际操作中要灵活选取构建组合参数的方法，既要有代表性，也要反映数据的全面性。

(3) 参数样本设置完成就相当于多种试验方案设计的完成，此阶段可以进行由待反演参数在不同组合方案下决定的试验并按此进行试验测得相应的结果，抑或通过数值模拟等方法得到由参数样本决定的模拟结果数据。同时需要注意的是，在将参数和结果组成的数据集用 SVM 学习前，一般要进行数据归一化处理[170]，对于具有 n 个样本点的数据集 $\{x_n\}$，$i=1,2,\cdots,n$ $x_i \in R$，归一化到区间[0,1]，采用如下的映射：

$$f: x \rightarrow y = \frac{x - \min x}{\max x - \min x} \tag{2-41}$$

式中，$x=(x_1,x_2,\cdots,x_n)$ 为原始数据；$y=(y_1,y_2,\cdots,y_n)$ 为对应的 x 的归一化结果，且 $y_i \in R$，$i=1,2,\cdots,n$；$\min x$，$\max x$ 分别为样本 x 的最小值和最大值。

(4) 可将上述部分样本作为训练数据，如上节所述的 BAS 优化 SVM 参数流程，将支持向量机的均方误差 MSE 作为天牛须算法的适应度函数，将参数 C 和 σ 作为变量，进行天牛须算法寻优，以获得在该训练样本下的最优 SVM 参数。另外，可以将部分样本作为测试集，测试已经训练好的 SVM 的效果。以上过程实现的是在试验样本下的经 BAS 调解优化后的最优 SVM 结构，该训练好的模型可以看作在输入的待反演参数和输出的结果之间建立起复杂的非线性映射关系，也可看作对训练数据的反复学习记忆联想下得到的一个具有预测预报功能的学习机(称为 ESVM)。

(5) 在Ⅱ部分中，首先还是明确待反演参数的个数和相应的取值区间，此时采用 BAS 构建待反演参数的组合，然后通过上阶段训练好的 ESVM 计算相应的结果，根据计算结果与实测数据构建适应度函数，以 ESVM 计算的结果与实测结果误差最小为目标，一般如下：

$$P(x_1,x_2,\cdots,x_n) = \min\left\{\frac{1}{m}\sum_{i=1}^{m}\left[F_i(x_1,x_2,\cdots,x_n) - R_i\right]^2\right\} \tag{2-42}$$

式中 $x_1,x_2,\cdots,x_n$ ——n 个待反演的参数；

m ——从试验结果中选取研究点的个数(如在流变参数反演问题中，该值代表与时间相对应的提取位移的点的个数；在等效煤体构建参数反演问题中，该值代表单值即孔隙率或强度)；

F_i ——ESVM 模型中第 i 个研究点对应的输出值；

R_i ——试验结果中第 i 个研究点对应的实测值(真实值)。

(6) 在 BAS 寻优的过程中，通过迭代计算适应度直至达到符合的精度或者最大迭代步数，完成参数标定，标志整个反演过程的结束，输出反演参数。

通常由上述过程得到反演参数后还有参数正算的过程，如将得到的流变参数输入数值模型，计算得到变形，并与实测数据进行对比，验证方法和模型的有效性和准确性。类似地，在实验室构建与现场等效的煤体时，经反演得到的构建参数也要经过正分析，与现场结果对比。以上提及的两类参数反演的案例及提出的基于天牛须全局搜索算法的 BAS-ESVM 反演模型都将在以下章节中叙述。

3 实验室构建等效松散煤体

为揭示松散煤体的力学及变形特性，所选取的研究载体很关键。现阶段对于易于取得试验样品的煤岩蠕变试验已经开展很多，取得了富有成效的研究成果。而对松散煤体介质，因其往往呈现破碎、松散状，取样极其困难，更是难以加工成型，研究载体缺乏，试验研究往往陷入困境，国内外开展此类特殊软岩的流变试验至今仍不是很多。因此，有必要针对此类松散煤体构建等效的实验室尺度的试样。鉴于此，本章在松散煤体实际工程背景下，选取典型构造软煤，根据实验室制作的成型煤体的强度和孔隙率等效于现场原煤强度和孔隙率的原则，建立不添加任何人工黏结剂如水泥、石膏或化学胶结剂的等效松散煤体试样。具体地，以原煤的坚固性系数为纽带建立成型煤体的强度与原煤强度间的相似关系，同时利用实验室压制的煤体的孔隙率与原煤孔隙率相似的方法，选取了成型该类煤体的关键影响参数，形成了相关的成型工艺，分析了型煤成型机理，再用人工智能方法(BAS-ESVM 反演模型)选取了室内煤体最佳"构建参数"，完成了松散煤体的实验室再现。等效煤体的完成为研究松散煤体流变特性提供了关键的试样基础。

3.1 典型松散煤层实际赋存状态

选取涡北矿 8204 工作面机巷松散煤层(8 煤)为研究对象，该煤层内生裂隙发育，强度极低，从现场掘进工作面的煤形态来看，多呈散体碎粒状。仅存在的部分块体煤，稍加用力徒手可以捏碎或轻碰即碎成沙粒状，如图 3-1 所示，属于极松散煤层。

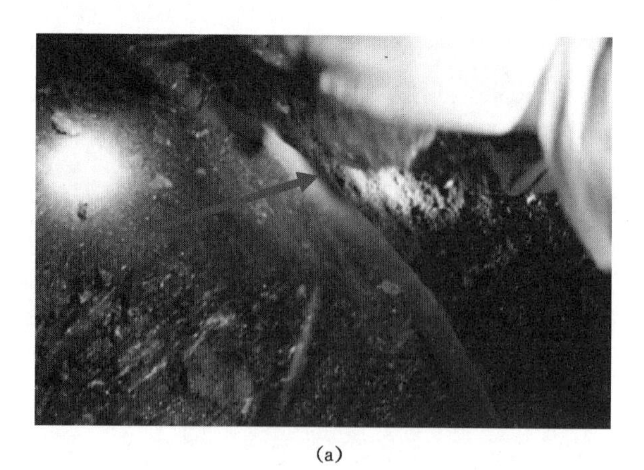

(a)

图 3-1 徒手可捏碎的松散煤块体

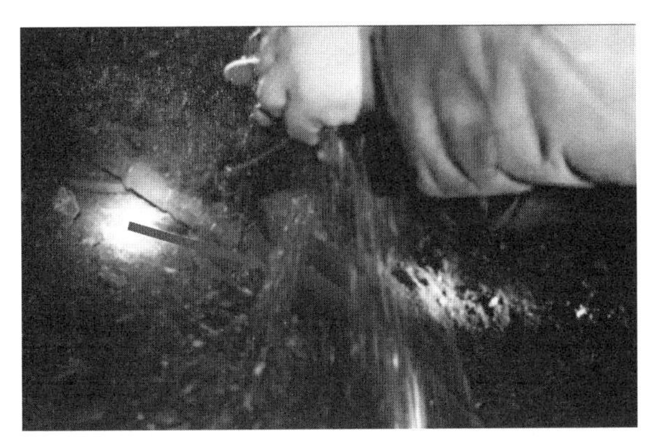

(b)

图 3-1(续)

现场掘进时所遇的破碎煤体见图 3-2,由于掘进时散煤冒落严重,不得不在棚顶使用幕帘兜住掉落的煤体。这种现象在该矿井的 8 煤不同工作面掘进或回采时均存在。

(a) 掘进现场

(b) 掘进工作面松散垮冒

图 3-2　松散煤体掘进情况

(c) 垮落的碎粒煤

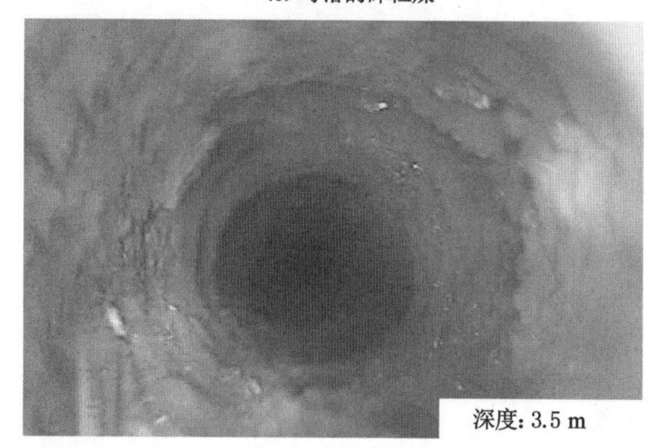

(d) 钻孔窥视煤体内部裂隙发育情况

图 3-2(续)

3.2 成型煤体等效于现场松散煤体的方法

3.2.1 煤岩坚固性与强度关系分析

基于松散煤层的赋存状态，现场很难取得完整的块煤试样，为量化评价强度特征，现在普遍采用由苏联科学家 M. M. 普罗托奇雅可诺夫提出的普氏系数法(坚固性系数法)[171]。作为一种岩石工程分类标准，它反映岩石在各种外力作用下破坏的难易程度相似或趋向一致的基本特性，以“坚固性系数”作为分类指标。

虽然围岩的强度区别于围岩坚固性，但其强度必定与岩石的变形破坏方式如单轴压缩破坏、剪切破坏等紧密联系，而坚固性体现的是在这几种变形形式的共同作用下的抵抗破坏能力。因岩石的单轴抗压能力最强，所以建立起坚固性系数与单轴抗压强度之间的量化关系，其值可用岩石的单轴抗压强度(MPa)除以 10(MPa)求出，所以坚固性系数 f 值为无量纲的值，相关文献[172]认为在岩石单轴抗压强度较低时，该公式是合理的，即

$$f=\frac{R}{10} \tag{3-1}$$

式中 R——岩石单轴抗压强度，MPa；

10——致密黏土的单轴抗压强度，10 MPa。

根据 f 值大小，可将岩石分为 10 级 15 种，具体分类标准如表 3-1 所示。由表 3-1 可知，当 f 值小于 1.5 时属于极软类岩石，低强度煤体多处于该范围，这是由于煤体整体结构在历史的地质构造运动中发生不同程度的破坏，相应地，煤的强度也降低。因此，为进一步地对低强度煤按坚固性系数进行细分，引入地质学中构造岩石的分类方法[173]，将该范围的煤体按照遭受构造应力破坏程度细分为碎裂煤、碎粒煤、糜棱煤三类[174]，构造破坏程度依次增加，其中碎粒煤、糜棱煤由于破坏程度较高，统称为构造煤或软煤。结构煤类型和 f 值之间的分布规律如表 3-2 所示。

表 3-1　岩石坚固性分类

级别	坚固性程度	代表性岩石	坚固性系数 f 值
Ⅰ	最坚固的岩石	最坚固、最致密的石英岩及玄武岩；其他最坚固的岩石	20
Ⅱ	很坚固的岩石	很坚固的花岗岩类：石英斑岩，很坚固的花岗岩，硅质片岩；坚固程度较Ⅰ级岩石稍差的石英岩；最坚固砂岩	15
Ⅲ	坚固的岩石	花岗岩(致密的)及花岗岩类岩石，很坚固的砂岩及石灰岩，石英质矿脉，坚固的砾岩，很坚固的铁矿石	10
$Ⅲ_a$	坚固的岩石	坚固的石灰岩，不坚固的花岗岩，坚固的砂岩，坚固的大理岩，白云岩，黄铁矿	8
Ⅳ	相当坚固的岩石	一般的砂岩，铁矿石	6
$Ⅳ_a$	相当坚固的岩石	砂质页岩，泥质砂岩	5
Ⅴ	坚固性中等的岩石	坚固的页岩，不坚固的砂岩及石灰岩，软的砾岩	4
$Ⅴ_a$	坚固性中等的岩石	各种(不坚固的)页岩，致密的泥灰岩	3
Ⅵ	相当软的岩石	软的页岩，很软的石灰岩，白垩，盐岩，石膏，冻土，无烟煤，普通泥灰岩，破碎的砂岩，胶结的卵石及粗砂粒，多石块的土	2
$Ⅵ_a$	相当软的岩石	碎石土，破碎的页岩，坚硬的烟煤，硬化的黏土	1.5
Ⅶ	软土	黏土(致密的)，软的烟煤，坚固的表土层，黏土质土壤	1.0
$Ⅶ_a$	软土	轻砂质黏土(黄土、细砾土)	0.8
Ⅷ	壤土状土	腐殖土，泥炭，轻压黏土，湿砂	0.6
Ⅸ	松散土	砂，小的细砾土，填方土，已采下的煤	0.5
Ⅹ	流动性土	流砂，沼泽土，含水黄土及其他含水土壤	0.3

表 3-2　煤体结构各类型坚固性系数 f 值域

结构煤类型	碎裂煤(Ⅰ)	碎粒煤(Ⅱ)	糜棱煤(Ⅲ)
坚固性系数 f 值域	0.5～1.0	0.25～0.5	<0.25

普氏系数法分类简单，试验操作易行，在很大程度上可以反映岩石的客观性质。受围岩的应力状态变化影响，该方法也存在局限性。但综合来看，普氏系数法是一种描述试样坚固性与强度特性的公认的有效方法，自 20 世纪 50 年代起，我国煤炭系统引进该分类方法，并一直沿用至今[175-176]，在预测煤与瓦斯突出[177]、煤体孔隙率与渗透率[178-179]、煤层水力压裂[180]以及煤岩巷道掘进评定[181]等中都起到重要作用。

因此可按照该方法，参照文献[182]提出的工艺流程，对该矿的松散煤层进行坚固性系数测试并分类，反算出相应的完整煤体试样单轴抗压强度。

3.2.2 松散煤体坚固性系数测定方法与结果

1）松散煤体坚固性系数测定方法

（1）按照《煤和岩石物理力学性质测定方法 第12部分：煤的坚固性系数测定方法》（GB/T 23561.12—2010），取掘进迎头新剥落下来的煤样，取得后立即用保鲜袋包裹严密，避免风化或进一步受潮。

（2）由于所测定的松散煤体取样后煤块粒径基本全部小于30 mm，因此此环节不必使用小锤单独粉碎；用孔径为20～30 mm的筛子筛选煤块，并称取试样50 g，标记为1份，每组包含5份，共取3组。若不能选取该粒径范围的煤样，则参照步骤（5）。相关试验装置见图3-3。

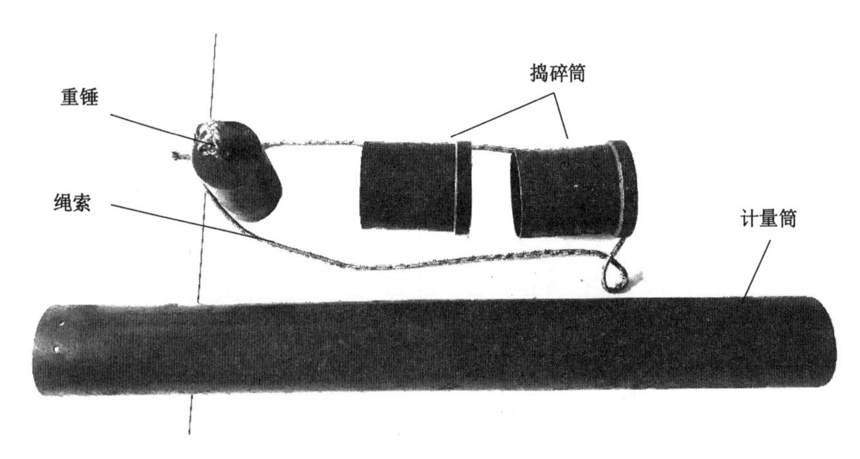

图3-3 坚固性系数测量装置

（3）将捣碎筒放置在平整且坚硬的地面上，将其中1份试样放入，提升重锤至0.6 m高度，然后松开重锤，使其自由下落冲击置于筒内的块粒煤试样，连续冲击3次；同理将剩下4份以相同方式进行试验。

（4）将重锤击碎的样品，一起倒入孔径为0.5 mm的分样筛，分筛至没有煤粉下漏；将筛下的煤粉倒入计量筒中，并读取刻度l。当$l \geqslant 30$ mm时，此时计n为3次，并重复以上步骤进行其他组的测定；当$l < 30$ mm时，将该组试样作废，并将冲击次数n置为5次，再进行相关测试，全部计算完成的数值取算术平均值。坚固性系数按式（3-2）计算：

$$f = \frac{20n}{l} \tag{3-2}$$

式中 f——坚固性系数；

n——每份试样受冲击的次数；

l——每组试样筛分的煤粉高度，mm。

（5）当煤为强度极低的煤粉时，此时煤样的粒径没法达到测定的要求（20～30 mm），此时可采用小粒径（1～3 mm）煤样，重复上述步骤进行相关测定，并按照如下的转换公式计算f值：

$$\begin{cases} f = 1.57f_{1\text{-}3} - 0.14 & f_{1\text{-}3} > 0.25 \\ f = f_{1\text{-}3} & f_{1\text{-}3} \leqslant 0.25 \end{cases} \tag{3-3}$$

式中 f——坚固性系数；

f_{1-3}——粒径为 1～3 mm 时煤的坚固性系数。

2）松散煤体坚固性系数测定结果

经测试，8 煤 3 次坚固性系数 f 值实测结果如表 3-3 所示，均值为 0.248。即反算单轴抗压强度近似为 2.5 MPa。对应岩石坚固性分类属Ⅹ，对应结构煤分类属于糜棱煤。分析该低强度煤层认为，8 煤成煤后，经历数次地质构造运动，在煤层受挤压或者剪切应力作用而变形过程中，煤体原来完整的结构遭到一次次破坏，在原生的节理、割理作用下，煤体内裂隙进一步发育甚至碎裂成块或粉。在地应力作用下，相互挤压而形成较为松散的集合体。在巷道或者硐室开挖后，煤体原有的应力平衡状态被打破，周边煤体由三向应力状态转为二向应力状态，应力开始重新分布，局部产生应力集中；当煤体的载荷承受能力超过其极限抗压或抗拉强度时，煤体产生破坏，随着应力逐渐向深部转移，破坏范围逐渐加大直至再次处于平衡状态，此时，处于破裂区的煤体在其原生结构已经完全破坏条件下，强度进一步降低。

表 3-3 原煤坚固性系数 f 值实测结果

次数	第一次	第二次	第三次	均值
坚固性系数 f 值	0.267	0.253	0.225	0.248

3.2.3 松散煤体孔隙率测定方法与结果

1）煤的孔隙特性表述

煤体作为植物在成岩及煤化过程中所形成的含有天然缺陷的沉积岩层，是含有大量的孔隙和裂隙的双重结构系统。煤体经受地质构造演化，又会产生次生裂隙，进一步降低其完整性。对这些孔洞、空隙的观测研究表明，煤体中的裂隙又可分为宏观裂隙和显微裂隙（细观裂隙）[183-185]。由于在实践中，裂隙与孔隙对宏观煤体的力学性能影响规律一致，同时鉴于煤体内众多孔隙与裂隙的结构复杂性和空隙结构内所含的流体及固体骨架的微层次特征现象仍较模糊，考虑实际作用很难将两者区分开，因此，统称为孔隙性[186]。煤体中的宏观裂隙、细观裂隙以及孔隙总称为空隙结构，具体分类如表 3-4 所示。为量化描述煤岩介质的裂隙与孔隙的发育程度，用孔隙率来表示，它指煤岩体中孔隙和裂隙体积与煤岩总体积之比，常见煤的孔隙率为 1%～20%。

$$n = \frac{V_0}{V} \times 100\% = \frac{V - V_c}{V} \times 100\% \tag{3-4}$$

式中 n——孔隙率；

V_0——孔隙和裂隙体积；

V_c——煤岩实体积；

V——煤岩总体积。

表 3-4　煤的孔隙裂隙分类

孔隙裂隙类型	具体类型	尺寸级别	成　　因
宏观裂隙	大裂隙	数十厘米至数米	外应力切割作用
	中裂隙	数厘米至数十厘米	
	小裂隙	数毫米至数厘米	综合作用
	微裂隙	数毫米	内应力作用
细观裂隙	内生裂隙	数微米至毫米	成煤过程的物理外压作用
	外生裂隙		外部张应力、压应力、剪应力作用
孔隙	植物细胞残留孔隙	微米	成煤植物细胞胞腔存留
	基质孔隙		植物遗体分解后重新堆积颗粒间孔隙
	次生孔隙		变质过程的气泡

2）原煤孔隙裂隙特征观测

试验取松散小块集合体样进行扫描电镜（SEM）观测，8 煤宏观细观裂隙与孔隙结构如图 3-4 所示。结合表 3-4 分析认为，该松散煤体内基质骨架占据整个空间，这些基质由不同大小颗粒组合而成，并形成了较为密实的骨架。除去骨架部分为空隙结构。该煤包含受外部应力作用产生的细观裂隙和成煤变质过程中所形成的孔隙。

3）现场煤样孔隙率测定原理

实际测定煤体孔隙率时，多采用煤的真密度与视密度（表观密度）确定。煤的含水状态会影响其质量和体积，通常在自然干燥状态下测视密度。而所取井下原煤在初始地质赋存状态下是含有水分的，因此，所测煤样视密度为自然状态下视密度。孔隙率计算公式：

$$n = \frac{T - A}{T} \times 100\% \tag{3-5}$$

式中　n——孔隙率，%；

T——真密度，即扣除孔隙裂隙后煤体的密度，g/cm^3；

A——视密度，即包含孔隙裂隙在内的煤体的密度，g/cm^3。

4）煤样视密度测试方法步骤

自然状态下的原煤采用蜡封法封闭孔隙裂隙，再用排液法测量其体积。参考《工业型煤视相对密度及孔隙率测定方法》（MT/T 918—2002）和《工程岩体试验方法标准》（GB/T 50266—2013），煤样视密度具体测试步骤如下：

（1）从原煤中取出粒度较好的小煤块集合体，称取部分并用毛刷刷掉表面不牢靠的煤粉，称重 m_1，备用。

（2）将煤倒入网篓中并放到 75 ℃的石蜡中，搅动并使其包裹煤粒至表面没有气泡，认为此时蜡已密封，后将网篓从石蜡中取出并降至室温，分离煤粒并称重 m_2。

（3）将网篓置于盛水的水箱中，称其在水中悬浮的质量，记为 m_3。

（4）将涂蜡后的试样放入网篓中，称量网篓和涂蜡后煤样在水中悬浮质量 m_4。煤样的视密度按式（3-6）计算：

$$A = \frac{m_1}{\left(\frac{m_2 - m_4 + m_3}{\rho_s}\right) - \frac{m_2 - m_1}{\rho_l}} \tag{3-6}$$

（a）原煤集合体放大100倍

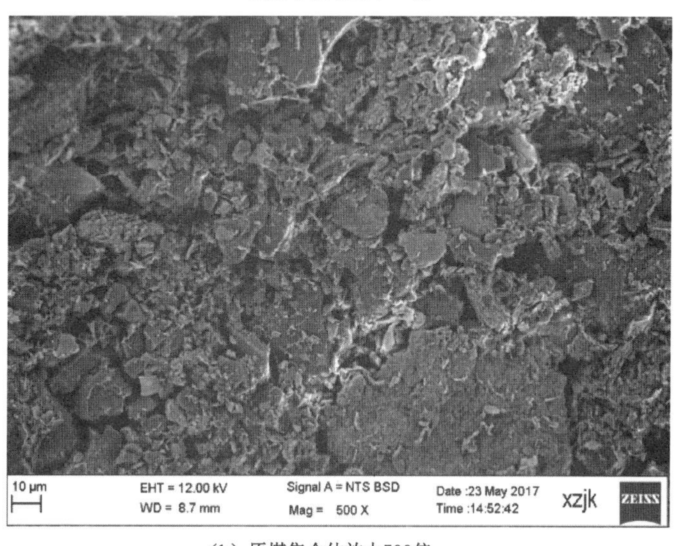

（b）原煤集合体放大500倍

图 3-4　原煤孔隙裂隙结构扫描电镜分析

式中　A——煤样的视密度，g/cm^3；

m_1——煤样质量，g；

m_2——裹覆蜡后煤样质量，g；

m_3——网篓在水中的质量，g；

m_4——涂蜡试样与网篓在水中的质量，g；

ρ_s——水的密度，g/cm^3；

ρ_l——石蜡的密度，g/cm^3。

5）松散软煤孔隙率测定结果

根据上述步骤和计算式(3-6)，重复 3 次试验，结果列于表 3-5，取平均值，所测视密度为

1.47 g/cm^3。根据《煤和岩石物理力学性质测定方法 第2部分:煤和岩石真密度测定方法》(GB/T 23561.2—2009),采用全自动真密度分析仪,对现场原煤真密度进行测定,真密度测试结果为1.63 g/cm^3。结合式(3-5),计算所取松散原煤体孔隙率为9.8%。

表3-5 原煤自然状态下视密度实测结果

次数	第一次	第二次	第三次	均值
视密度/(g/cm^3)	1.378	1.562	1.471	1.470

6)煤体孔隙结构与强度之间关系

煤的多孔隙裂隙结构影响着基质即固体骨架的完整性与稳定性,宏观上也就影响了作为承载结构的煤体的力学强度[187-188]。当松散煤体受压时,随着变形的产生其强度也发生变化,宏观变形是由煤体内部的孔隙裂隙发育变化产生的,强度不仅与孔隙裂隙间的发展、传播、贯通存在着相关性,而且往往由初始孔隙特征和状态决定了最终承载能力。一般地,试样原有孔隙裂隙越发育,孔隙率越高,抗压强度越小[189-191]。另外,空隙结构受外界压力影响较大,在地下煤层中主要受地应力影响,煤体处于三向受压的约束状态,随着深度的增加煤体趋于密实,实测显示,孔隙率一般随深度增加逐渐减小[192]。这种特性类似于砂土、松散岩块等的侧限压缩特性[193-195]。同时,作为松散煤体力学强度评价指标的坚固性系数与孔隙率之间同样存在相关性。综上分析,松散煤体的孔隙率决定煤体的强度,而外界压力影响着煤体的孔隙率。据此可在实验室建立不同外压控制下的预设孔隙率煤体,进而根据该特定孔隙率煤体试验而得到其强度同时反映其坚固性系数。

结合图3-4,从另一个角度看,可认为自然煤体中这些大量的孔隙和小裂隙是尺寸不同的较小破碎煤粒混合压密而成的,因此受压程度能反映松散煤样的孔隙率状态,随着压力的增大,大颗粒碎裂成小颗粒,而小颗粒又聚集挤压在一起,重新排列组合形成新的造粒集合体。因此,在室内侧限压缩所测得煤体表观密度可以很好地体现实验室所测的煤样视密度,进而得到近似孔隙率,对于这一点可从松散土力学中得到类似结论(一般认为原状松散土孔隙率等于室内按有效自重应力下压缩试验得到的孔隙率)。

综合以上分析与测定,以煤岩坚固性系数为纽带,可以在实验室建立成型煤体试样的强度和孔隙率等效反映实际松散破碎煤体强度和孔隙性的方法。

3.3 原煤分筛与含水率测定

3.3.1 煤体组成成分分析

对所取得现场原煤样品进行X射线衍射(XRD)分析,同时通过X射线荧光光谱(XRF)对成分进行定量分析。具体结果如图3-5和表3-6所示。原煤中大部分为有机质,另外衍射结果显示原煤所存在的次生矿物晶体为高岭石,其他矿物成分不明显。高岭石是一种弱的亲水性黏土矿物,当处于湿润状态时,具有较强的可塑性、结合性、微体积膨胀性和黏结性。这种特性有利于散煤粒间的黏结成型,分散在煤粒间的高龄石的作用相当于一种低含量黏结剂,对于要构建的等效型煤试样稳定起到积极作用。

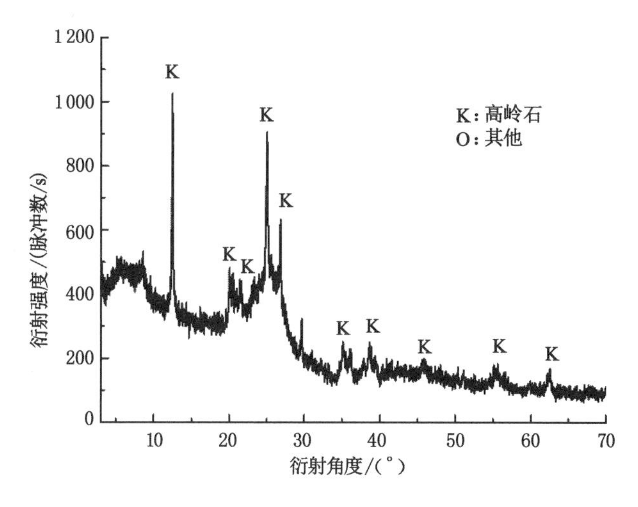

图 3-5 原煤的 XRD 分析图谱

表 3-6 散煤中所含成分分析

成分	CO_3^{2-}(基质)	SiO_2	Al_2O_3	CaO	S	其他
含量/%	74.700	12.040	9.470	0.961	0.676	2.153

3.3.2 室内散煤粒径级配确定

与一般完整块状煤体不同,所试验原煤松散破裂大部分呈碎粒和糜棱状,可以参照土的组成及分类方法,先将煤颗粒粒径划分不同粒组,然后分析不同尺寸的煤颗粒所占百分比,最终绘制散煤的粒径级配曲线。由于固体煤颗粒组成了原煤体的承载骨架,因此详细了解煤的粒径与级配,对分析原煤的物理力学性质有重要意义。

参照《土工试验规程》(YS/T 5225—2016),按筛分法取筛子孔径分别为 0.075 mm,0.15 mm,0.3 mm,0.6 mm,1.18 mm,2.36 mm,4.75 mm,9.5 mm,16 mm,31.5 mm。将事先称量好的 2 000 g 烘干后的原煤样品分别过筛,称量留在各个孔径筛子上的煤的质量,分别计算相应质量分数。具体步骤如图 3-6 所示。两次试验结果所得各粒径范围内的煤样百分比如表 3-7 所示,据此绘制粒径级配曲线如图 3-7 所示。

(a) 试验所用部分筛子

图 3-6 原煤粒径级配测试过程

（b）分筛

（c）某粒径范围煤粉剩余煤样

（d）各粒径范围煤颗粒装袋称重

图 3-6(续)

表 3-7 各粒径范围内的煤颗粒所占百分比(质量分数)

煤样 1		煤样 2	
粒径/mm	百分比/%	粒径/mm	百分比/%
<0.075	0.12	<0.075	0.18
0.075～0.15	0.85	0.075～0.15	3.48
0.15～0.30	9.57	0.15～0.30	7.85
0.30～0.60	12.01	0.30～0.60	7.93
0.60～1.18	11.92	0.60～1.18	13.56
1.18～2.36	14.48	1.18～2.36	23.01
2.36～4.75	30.12	2.36～4.75	19.89
4.75～9.50	14.74	4.75～9.50	13.21
9.50～16.00	3.98	9.50～16.00	5.84
16.00～31.50	2.21	16.00～31.50	3.21
>31.50	0	>31.50	1.84

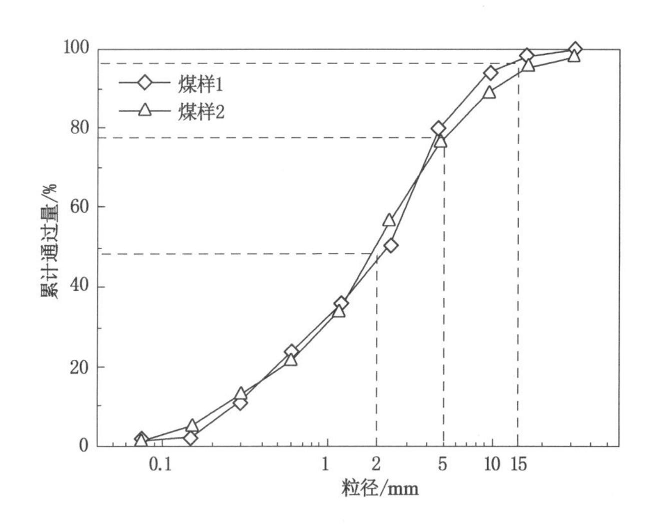

图 3-7 所取原煤煤样粒径级配曲线

根据图 3-7,引入不均匀系数 C_u 表征原煤颗粒的均匀程度和分布连续性程度:

$$C_u = \frac{d_{60}}{d_{10}} \tag{3-7}$$

式中 d_{60}——小于此种尺寸煤颗粒的质量占煤总质量的 60%;

d_{10}——小于此种尺寸煤颗粒的质量占煤总质量的 10%。

当 C_u 大于 5 时,表示煤颗粒不均匀,称作不均匀煤。从图 3-7 中得到该煤样不均匀系数远大于 5,这说明该煤样粗颗粒和细颗粒之间相差比较悬殊,含有不同粗细的粒组,且粒组之间的变化范围很宽,不能用简单的某一颗粒范围来表征整个煤粒值域。这间接说明了若要以松散煤为基础完成相关试验,必须高度还原原煤的完整性,以保证所取煤样包含绝大部分粒组。

根据粒径分布规律得到粒径为0～2 mm的原煤平均约占49%,2～5 mm的平均约占29%,5～15 mm的平均约占20%。将粒径为0～2 mm的煤粒称作细粒组,粒径为2～5 mm的煤粒称作中粒组,粒径为5～15 mm的煤粒称作粗粒组。因此,各个粒组之间的比例(质量比)大致为细粒组∶中粒组∶粗粒组为5∶3∶2。该煤粒粒组分组既体现了煤粒的尺寸分布规律,又能很好地囊括绝大部分煤颗粒,各组间的比例合适。另外,室内分筛试验过程和粒径级配曲线显示,原煤存在粒径大于15 mm和30 mm的块体,但这一比例很低,大约占总质量的2%,多以小块矸石为主(大型室外分筛也显示同样结果),不具代表意义,因此舍去。试验取0～15 mm原煤煤粒,并按照粒组间比例确定配比表征松散煤体。

3.3.3 室外原煤分筛

由于构建等效试样需要大量的煤,因此选择室外分筛,并按照室内粒组的分组,确定关键筛网孔径为15 mm,5 mm和2 mm。具体步骤如下,原煤晾晒2～3 d后,取原煤先过15 mm筛子,结果显示存留的大部分为煤矸石[图3-8(b)],舍弃。剩余煤样依次通过5 mm和2 mm筛子,从而将原煤分成粗、中、细粒三组,称重结果显示,粒组间的比例也大约为5∶3∶2,再次证明了室内分筛的准确性。室外分筛后的各粒组煤装袋备用,作为制作试样的初始材料,待试验时按比例取各粒组组合。这样做,一是较为完整地体现了原煤的级配关系,二是避免了原煤颗粒的波动性(原煤取样地点不一致导致粒组分散规律不一致,影响试验结果),保证制作试样的均一性。

3.3.4 原煤含水率测定

参考标准《煤和岩石物理力学性质测定方法 第6部分:煤和岩石含水率测定方法》(GB 23561.6—2009),取得天然状态原煤,取部分试样称重 M_1 在110 ℃烘箱内烘干24 h,放在干燥器中冷却至室温称重得 M_2。按式(3-8)求含水率:

$$w = (\frac{M_1}{M_2} - 1) \times 100\% \tag{3-8}$$

式中 w——煤样天然含水率,%;

(a) 晾晒后原煤

图3-8 室外原煤分筛过程

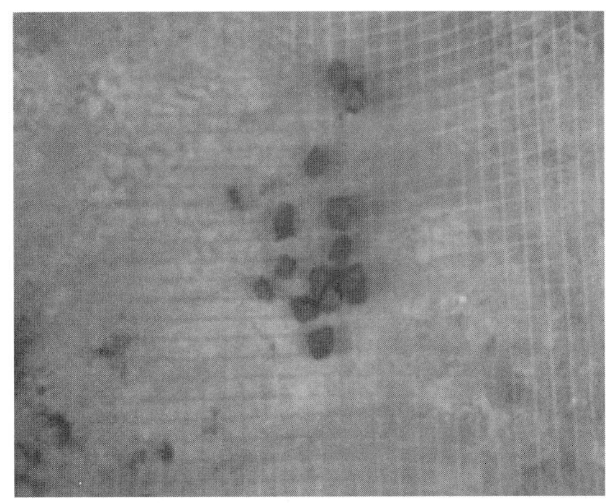

(b) 孔径15 mm筛子分筛

(c) 孔径5 mm筛子分筛

(d) 孔径2 mm筛子分筛

图 3-8(续)

M_1——天然含水状态试样质量,g;

M_2——烘干的试样质量,g。

取不同位置新鲜煤体用保鲜膜包裹并在实验室测试,每个位置平行测定3次,取算术平均值,得原煤含水率约为4.8%,测试结果如表3-8所示。烘干测试如图3-9所示。

表3-8 原煤含水率实测结果

次数	第一次	第二次	第三次	均值
含水率/%	3.568	5.824	4.891	4.761

图3-9 原煤含水率烘干测试

3.4 实验室成型煤体及样本构建

3.4.1 关键影响参数选取

在实验室若要进行松散煤体的流变试验,必须要制作完整的试样。而现场在该类"散、软、垮"的煤层中取得完整试样极为困难,即使找到略微坚硬的块样,制成试样,这也是大尺度、大范围松软煤层中个别硬块样。所取的试块不具有典型性、代表性和完备性,不能真实全面地表征实际的煤层特征[196]。因此,利用起源于洁净煤利用技术[197]的成型煤样,以型煤为载体和依托,在煤矿领域如瓦斯或煤层气的渗流、渗透特性[198-199],煤与瓦斯突出模拟[200-202]等研究方面得到了广泛的应用。型煤作为原煤的相似材料,在实验室制备方法有很多,包括在材料选择和成型工艺上都有不同,但都是本着与原煤的力学特性如峰值强度、峰值应变、弹性模量、泊松比和结构特性如孔隙率、渗透率相似或相近的原则进行制作的。很多学者在影响型煤质量和效果的因素如粒径级配、胶结材料、成型压力、保压时间、成型水分等方面进行了大量的、长时间的研究工作与尝试,取得了有益的成果[203-205]。分析认为[206-207]:(1)颗粒间的空隙越小,排列越紧密,大小颗粒级配越均匀型煤质量越高,颗粒过大易产生二次破碎,颗粒过小过多造粒现象明显,都不利于型煤质量；胶结剂的作用是将煤粒黏结在一起，产生较强的机械结合力和物理化学结合力，形成牢固的骨架网络结构，提高强度。(2) 当不添加黏结剂时，煤粉间依靠煤自身具有的黏结性成分如沥青质、腐殖酸等提高煤粒间的结合力。(3) 适当压力可使煤颗粒间压密，增大煤分子间的范德华力，且增强煤粒间的咬合力，煤粒会贴紧成型；增大压力煤颗粒的可塑性降低，弹性增大，强度变化不明显；继续增大压力会产生压溃现象，这是由于过大压力会破坏煤粒的结构，并且成型后会产生较大的反弹，内部易发生拉破坏，形成微裂缝，从而降低型煤强度。(4) 适当的成型水分可作为润滑剂，利于煤粒间的运动，降低内部摩擦力，煤粒间不仅存在毛细吸力，而且由于具有极性的水分子易吸附于存在负电荷的不饱和键煤粒表面，形成水化膜，连接煤粒成型，成型效果好；而过多的水分会导致煤粒表面水膜增厚，影响煤粒的接近，降低成型效果。

综合以上分析，要最大限度还原实际赋存状态下的原煤，用原煤在实验室构建等效的型煤试样，应该用原煤粒径级配，不应添加黏结剂(原煤赋存在自然状态下，所以用任何一种黏结剂制作型煤，从严格意义上讲，所构建的型煤都与原煤不符)，充分利用煤颗粒自身的黏结性和水的成型作用，加之试验原煤中所含的弱胶结性质的高岭土成分，以此制作高度还原现场状态的型煤试样。

因此，等效试样制作的关键影响参数为成型压力、成型时间和成型水分(原煤等效水分)。进而，基于前人的研究成果，同时根据实测与理论分析，认为取自现场的原煤虽然松散且强度低，无法进行弹性模量和泊松比等测试，但可用坚固性系数来量化反映其强度特征，再用强度相似成型煤体进行试验，另外，现场原煤的孔隙结构可由成型煤体模拟。因此，最终提出构建由成型压力、成型时间和成型水分决定的力学强度和孔隙率与原煤等效的松散煤体试样。

3.4.2　煤体成型方案设计

成型压力在某种程度上可以看作原煤赋存处的垂直压力，如前所述，随着成型压力的增大，煤体孔隙率逐渐减小，这与自然状态下的实测煤体孔隙率随埋深变化规律一致。作为研究对象的松散软煤实际埋深介于 700～1 000 m，因此设计成型压力为 15～30 MPa，平均分为 4 个水平。试验表明：对于试验所取用的原煤，当成型压力大于 35 MPa 时，成型煤体存在压溃现象，因此选取的压力范围合理。成型时间作用与成型压力类似，并不是成型时间越长越好，当成型时间超过 40 min 时，同样显现压溃现象。压溃现象的扫描电镜观察结果如图 3-10 所示。

当成型压力过大或成型时间过长时，部分初始煤颗粒碎裂，产生新鲜裂缝，内部结构完整性遭到破坏；当成型煤体受载时，此处易产生应力集中，造成进一步的张裂、滑移，从而导致宏观强度降低现象。另外，考虑试验周期及类比前人试验设计，选择保压时间为 5 min，15 min，25 min，35 min 等 4 个水平。结合原煤实测的含水率状态，选择 1%，3%，5%，7% 等 4 个水平成型含水率。具体试验方案如表 3-9 所示。为全方位考虑各因素的具体影响效果，采用全试验设计方案，共计 64 组试验，每组试样制作 3 个，测试结果取平均值，因此共制作 192 个试样。考虑试验周期和人力，采用两台试验机、多套模具，分批制作、平行作业历时月余完成上述工作。

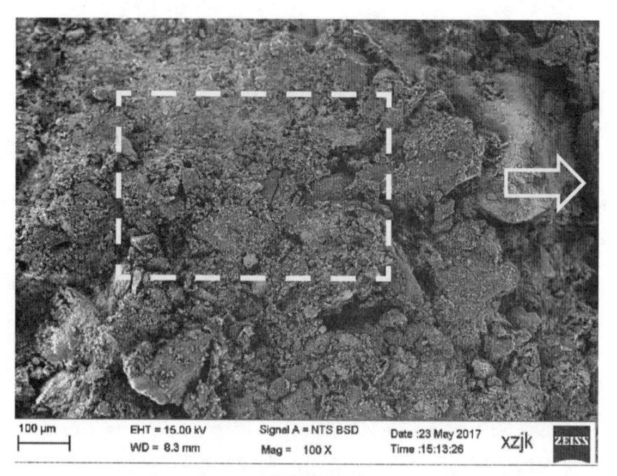

(a) 煤粒碎裂

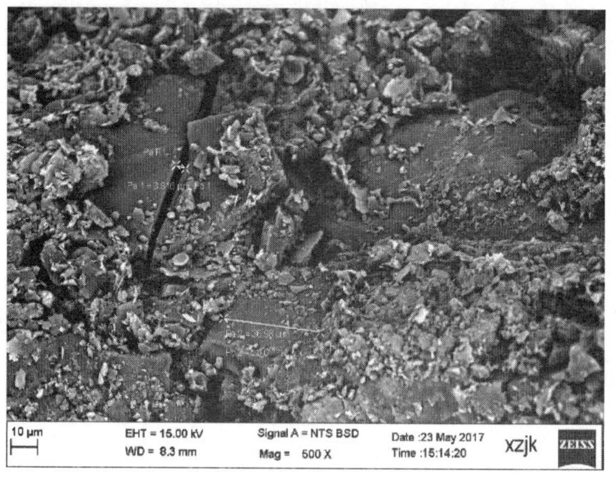

(b) 局部放大

图 3-10　压溃现象的扫描电镜观察结果

表 3-9　试验方案设计

影响因素	成型压力/MPa	保压时间/min	成型水分/%
水平	15	5	1
	20	15	3
	25	25	5
	30	35	7

3.4.3　煤体成型工艺

试验步骤具体概括为如下流程(图 3-11)：分别按比例称量原煤(粗粒组、中粒组、细粒组质量比为 2∶3∶5)→按设计的含水率称量所加水→用喷壶喷洒水于原煤并搅拌均匀→将成型模具内部涂抹凡士林润滑减小摩擦→将混合均匀的煤粒加入模具并捣实→在模具上顶面附加薄膜防止成型后煤体与压头粘连→将压头置于模具内准备压制→设定好成型压力和保压时间进行压制→松动模具脱模→部分成型试样。压制时选择位移控制(5 mm/min)，设定相应成型压力及保压时间。

(a) 细粒组称重

(b) 中粒组称重

(c) 粗粒组称重

(d) 水称重

(e) 喷水混合并搅拌均匀

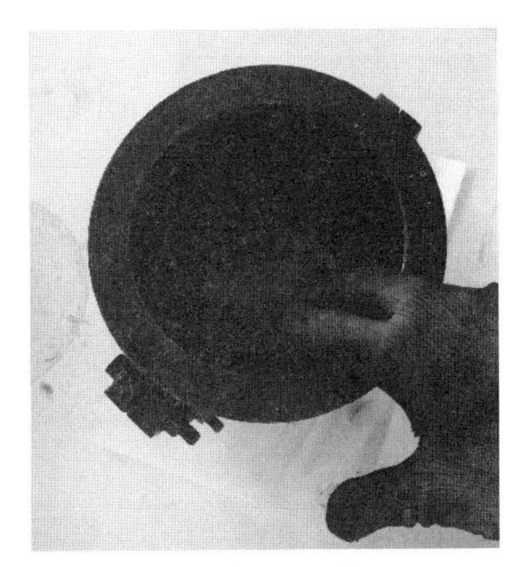

(f) 模具壁面减摩

图 3-11　型煤成型工艺流程

(g) 加煤捣实

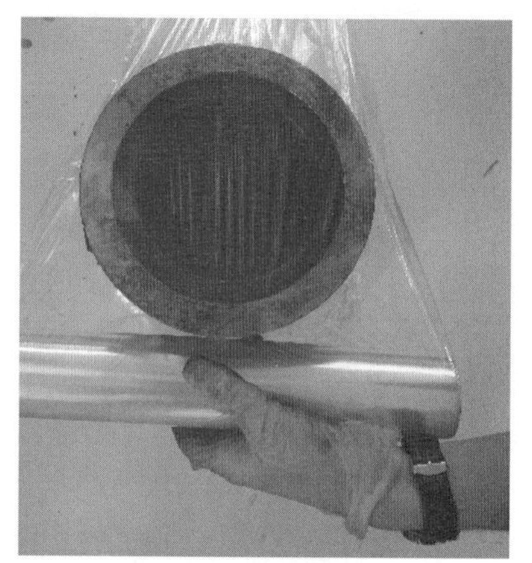
(h) 附薄膜

(i) 放置压头

(j) 试验机压制

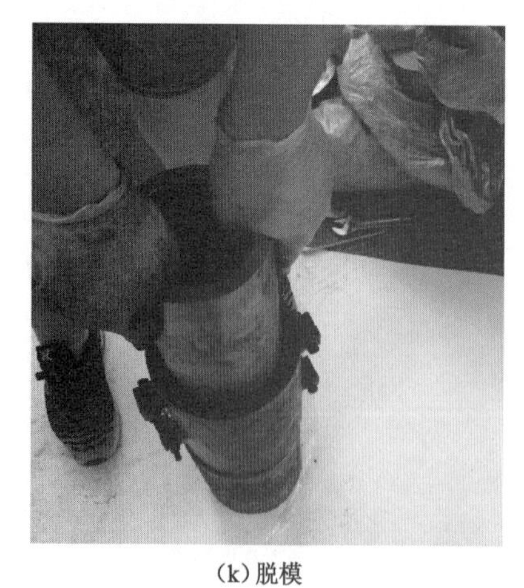
(k) 脱模

(l) 部分成型试样

图 3-11(续)

3.4.4　煤体成型机理及过程分析

1）煤体成型机理分析

煤体成型过程煤柱应力分布如图 3-12 所示。

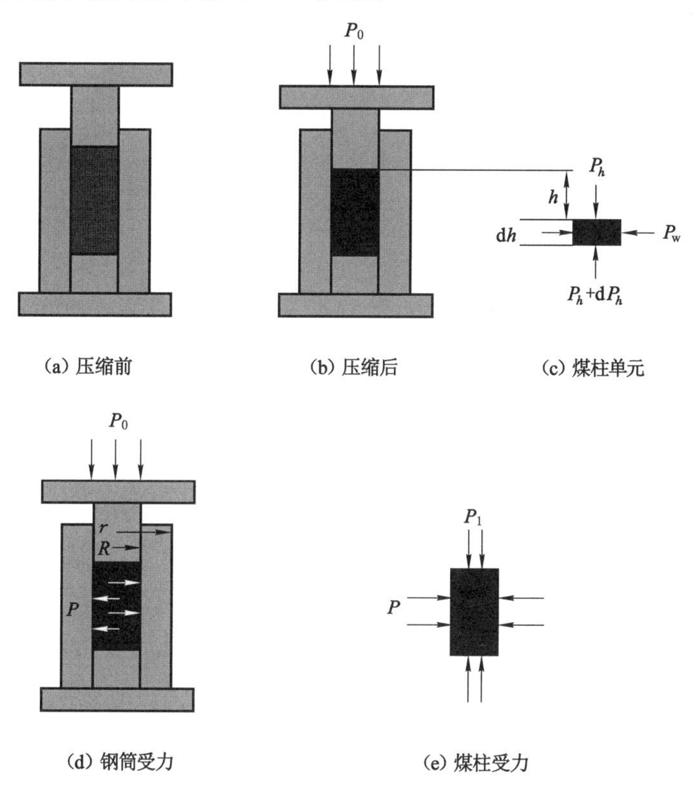

图 3-12　松散煤体颗粒成型过程受力分析

根据所取的图 3-12(c)所示单元体平衡状态，可得煤柱单元的微分平衡方程：

$$dP_h \pi R^2 = 2\pi R\tau dh \tag{3-9}$$

整理得：

$$P_h R = 2\tau h \tag{3-10}$$

式中　P_h——煤柱内所取截面上的应力；

τ——模具内壁作用于煤体的剪切力；

R——模具内半径；

h——煤柱顶面至单元体距离。

由库仑摩擦定律得[208]：

$$\tau = kP_w = k\lambda P_h \tag{3-11}$$

式中　P_w——模具作用于煤体的径向应力；

k——煤体与模具间的摩擦系数；

λ——垂直应力与径向应力之比。

假定 k 和 λ 为常量并对式(3-11)积分，得：

$$P_h = P_1 e^{-\frac{2k\lambda}{R}h} \tag{3-12}$$

式中　P_1——煤体顶面所受压力。

下面推导 λ：

由于模具一般为厚壁钢材，受力状态如图 3-12(d)所示，根据弹性理论钢筒内壁处的位移为：

$$u_1 = \frac{P}{E_1}\left[\frac{(1-\mu_1)R^3+(1+\mu_1)Rr^2}{r^2-R^2}\right] \tag{3-13}$$

式中　E_1——钢材弹性模量；

μ_1——钢材泊松比；

r——模具外半径；

P——钢筒所受内压。

煤柱受力状态如图 3-12(e)所示，煤柱横向所受外力与钢筒所受内压相等，则煤柱的位移为：

$$u_2 = \frac{R}{E_2}[P(1-\mu_2)-\mu_2 P_1] \tag{3-14}$$

式中　E_2——煤体弹性模量；

μ_2——煤体泊松比。

同时，煤柱与钢筒之间属于面接触，所以位移应该相等，即

$$\frac{P}{E_1}\left[\frac{(1-\mu_1)R^3+(1+\mu_1)Rr^2}{r^2-R^2}\right] = \frac{R}{E_2}[P(1-\mu_2)-\mu_2 P_1] \tag{3-15}$$

整理式(3-15)并令 $A=\dfrac{R}{r}$ 得：

$$\frac{PE_2}{E_1}\left[\frac{1+A^2}{1-A^2}+\mu_1\right]-P = -(P+P_1)\mu_2 \tag{3-16}$$

令 $B=\left[\dfrac{1+A^2}{1-A^2}+\mu_1\right]$，式(3-16)两边除以 P 得：

$$P_1 = \frac{E_1(1-\mu_2)-BE_2}{E_1\mu_2}P \tag{3-17}$$

此时系数 $\dfrac{E_1(1-\mu_2)-BE_2}{E_1\mu_2}$ 即 λ。

将 λ 代入式(3-12)，则：

$$P_h = P_1 e^{\frac{2kh[E_1(1-\mu_2)-BE_2]}{E_1\mu_2 R}} \tag{3-18}$$

由于上压头与钢筒壁面存在摩擦，所以：

$$P_1 = P_0(1-\gamma) \tag{3-19}$$

式中　P_0——试验机施加的轴压；

γ——压头与钢筒壁面的摩擦阻力系数。

将式(3-19)代入式(3-18)得：

$$P_h = P_0(1-\gamma)e^{\frac{2kh[E_1(1-\mu_2)-BE_2]}{E_1\mu_2 R}} = P_0(1-\gamma)e^{-\frac{h}{H}} \tag{3-20}$$

式中　H——特征距离，$H=\dfrac{2k[E_1(1-\mu_2)-BE_2]}{E_1\mu_2 R}$。

综上，煤体成型过程中各截面所受压力，不仅与试验机所施加压力 P_0 有关，还与摩擦阻

力系数 γ，摩擦系数 k，钢筒、煤体弹性模量和泊松比 E_1, E_2, μ_1, μ_2，钢筒的内外半径 R, r，截面与压头距离 h 有关。一般地，随着离开压头表面距离 h 和摩擦系数 k 的增加，煤体内截面所受成型应力呈幂指数递减。如当 $\gamma=0, h=H$ 时，$P_h=0.368P_0$，即截面上的成型应力为压头处的成型压力的 37%；当 $\gamma=0, h=3H$ 时，$P_h=0.05P_0$，即截面上的成型应力仅为压头处的成型压力的 5%，具体如图 3-13 所示。另外，随着摩擦阻力系数 γ 的增加，煤体内截面所受成型应力呈线性递减。因此，要做好煤体与模具壁面、模具壁面与压头间的减摩工作，尽量选用合理的成型高度，以得到最优的结果。

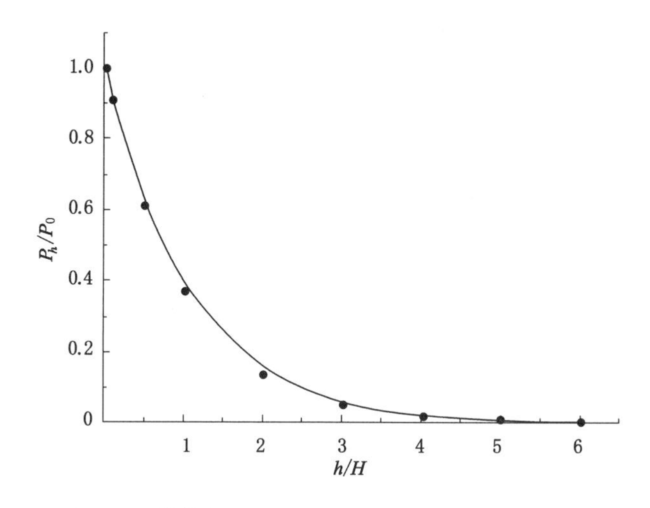

图 3-13　煤体截面上成型应力与纵向距离的关系曲线

2）试验成型过程分析

各截面煤粒在应力 P_h 作用下，当其大于煤粒与壁面间摩擦阻力时，煤粒移动靠近，相互黏结成型，具体的煤粒团聚机理分析如下：煤粒间包含的有机质的黏结、煤粒间的机械咬合力和静电力及分子间作用力如范德华力、内部水分子产生的毛细吸力等多种物理化学因素的共同作用，最终煤体成型。典型的型煤成型压力与压缩位移曲线如图 3-14(a)所示。根据图 3-14(a)，在保压时间和成型水分一定的条件下，随着成型压力的增大，压缩位移逐渐增大，呈现幂指数函数关系，可以分为三个主要阶段，如图 3-14(b)所示。

(1) 初始压密变形阶段（OA 段）：此阶段煤体内大量的空隙被压密，内部颗粒滑动，空隙被小颗粒充填，曲线较为平缓。

(2) 塑性变形阶段（AB 段）：此阶段初始，内部颗粒破碎变形，压缩产生塑性变形，然后颗粒被进一步挤压密实，颗粒间咬合力和黏结力增强，变形也由初始阶段的塑性逐渐向弹性转变，曲线斜率逐渐变大。

(3) 弹性变形阶段（BC 段）：此阶段煤体内孔隙结构进一步被压缩压密，体积进一步减小，变形为弹性的，曲线斜率保持一致。

3.4.5　煤体样本数据集构建

1）孔隙率测试

由于压制结束卸压后，试样会或多或少地存在回弹现象，因此试样真实体积是脱模后的体积。将型煤置于自然状态下 7 d，测其高度和直径与质量，计算表观密度（视密度），测量过

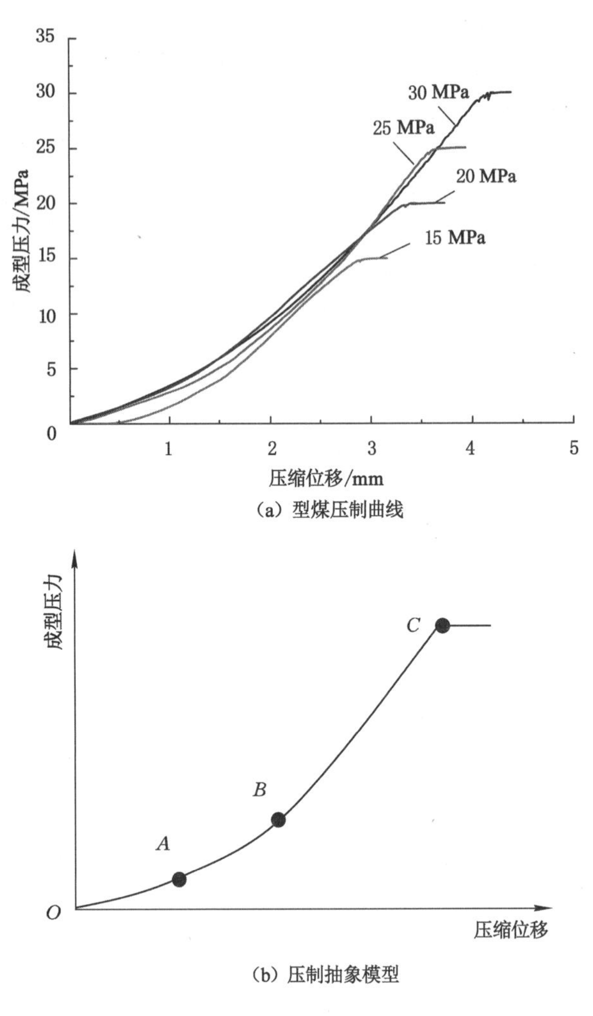

(a) 型煤压制曲线

(b) 压制抽象模型

图 3-14　典型松散煤体压制曲线及抽象模型

程如图 3-15 所示,根据式(3-5),计算型煤孔隙率。另取压制后的型煤小块体,用扫描电镜观测其孔隙裂隙结构,如图 3-16 所示;与图 3-4 对比发现,成型煤体的孔隙裂隙结构类似原煤的状态,也存在大的煤粒周围裹覆着较小的煤粒,其间存在大量的微孔与裂隙,由此可以直观地认为成型煤体可高度还原松散原煤空隙结构。

2) 型煤强度测试

取成型试样测其单轴抗压强度,试验机采用位移控制(0.05 mm/min),记录其强度及位移情况。型煤单轴压缩全应力-应变曲线如图 3-17 所示。型煤单轴压缩及典型破裂形式如图 3-18 所示,绝大部分为压剪破坏,小部分为拉剪组合破坏,这说明型煤制作均匀,受力破坏方式类似。将以上测试得到的每个试样的孔隙率及单轴抗压强度作为原始数据收集归纳,以便进一步分析。

根据图 3-17,实验室所构建的等效煤体在单轴压缩情况下的全应力-应变曲线可分为五个阶段,即孔隙裂隙压密阶段、弹性变形阶段、稳定破裂阶段、加速破坏阶段和峰后破坏阶段,该煤体试样变形符合常规煤岩体单轴压缩变形规律。

(a) 称量质量

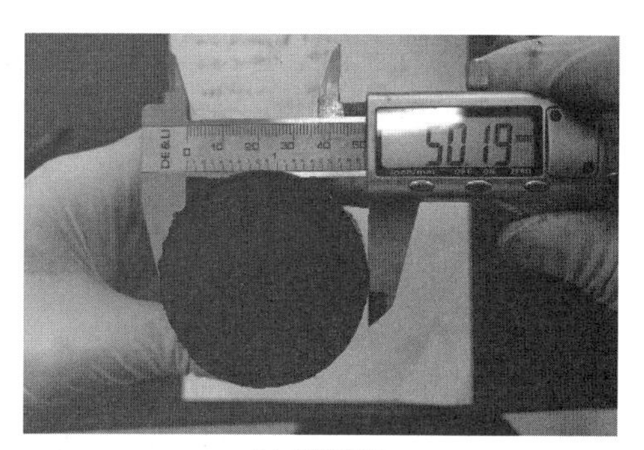

(b) 量测直径

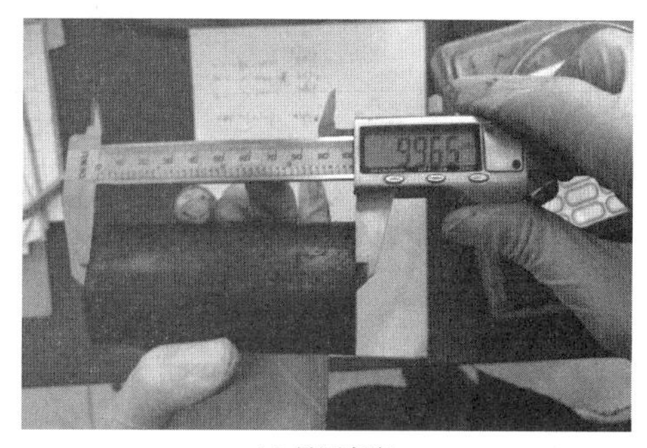

(c) 量测高度

图 3-15　型煤的质量和体积测定

(1) 孔隙裂隙压密阶段(OA 段):该阶段的应力-应变曲线呈现非线性的上凹形,且曲线斜率逐渐增大,这是由于煤体内存在的孔隙裂隙被逐步压实,煤体逐渐密实。该阶段往往出现在应力较小时。

(2) 弹性变形阶段(AB 段):煤体在经过压密阶段后,在压力作用下,逐渐进入弹性阶

(a) 型煤块体放大100倍

图 3-16　型煤孔隙裂隙结构扫描电镜分析

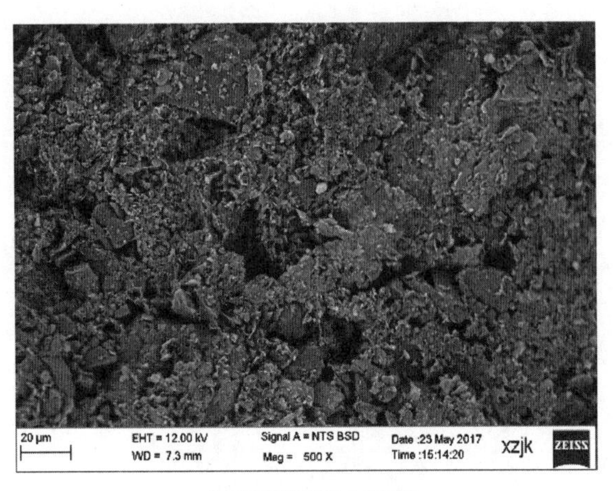

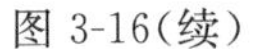

(b) 型煤块体放大500倍

图 3-16(续)

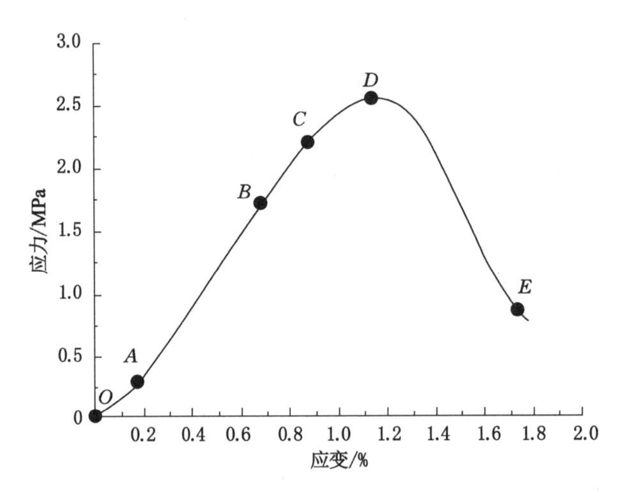

图 3-17　型煤单轴压缩全应力-应变曲线

段，此时曲线呈直线状，若在此阶段卸载，煤体变形可以恢复。一般地，可用该阶段的应力与应变计算煤体的弹性模量。

(3) 稳定破裂阶段(*BC* 段)：经过直线段后，试样进入弹塑性变形阶段，内部出现微破裂，部分孔隙连通，且随着应力的增大，这种破裂趋势逐渐增大，此阶段的煤体出现不可恢复的塑性变形。

(4) 加速破坏阶段(*CD* 段)：进一步地，试样内部的裂隙逐渐发育，部分孔隙与孔隙间连通发展，煤体的应力-应变曲线逐渐呈现非线性状，曲线斜率逐渐减小，试样进入塑性变形阶段。此时，试样会产生不可恢复的塑性变形。

(5) 峰后破坏阶段(*DE* 段)：试样达到峰值承载能力后发生破坏，此时内部裂隙进一步扩展贯通，孔隙与裂隙连通，形成宏观的破裂面。煤体试样虽然发生破坏，但仍有一定的残余强度，此时主要受控于破碎体间的滑动。

(a) 单轴压缩

(b) 破裂形式

图 3-18　型煤单轴压缩及破裂形式

3.5　基于 BAS-ESVM 反演模型构建等效型煤

3.5.1　型煤孔隙率及强度试验结果分析

将试样试验结果展示在图 3-19(扫描右侧二维码获取彩图,下同)中。由图 3-19 可见,随着成型压力的增加,孔隙率逐渐减小但趋势趋缓,而单轴抗压强度逐渐增大且趋势趋缓,结果呈现高度的非线性关系,该结论与前文的理论论述相契合,这说明了试验的可靠性。与之类似,在成型压力与保压时间恒定,变量为含水率,或成型压力与含水率恒定,变量为保压时间时,所得到的孔隙率与单轴抗压强度都与相关变量呈非线性关系。

因此注意到,各个变量同时影响并共同耦合作用于最终结果,3 个变量与 2 个结果间的关系难以用传统的线性或非线性关系描述,若强行拟合各变量与结果,拟合公式将极其复杂,精度不高,难以方便应用,不利于推广。另外,前人在该方面总结的经验公式多半侧重某一方面,得到的结论不仅偏保守而且在精确性方面存在较大的问题。在多变量如成型压力、

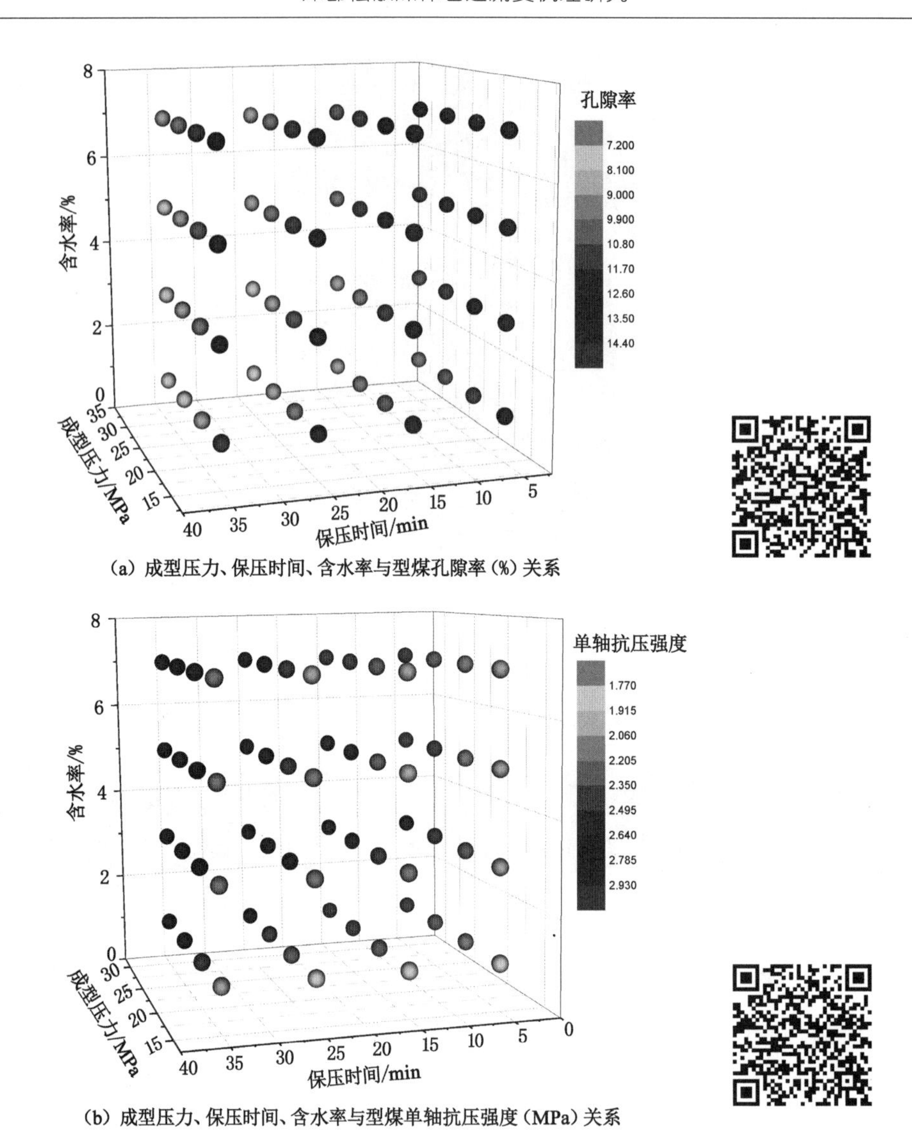

图 3-19　成型压力、保压时间、含水率与型煤孔隙率和单轴抗压强度的非线性关系

保压时间和成型水分(3 个变量),以及多水平(各因素下 4 个水平)情况下得到的孔隙率和单轴抗压强度两个输出结果,难以通过常规方法推断“构建参数”。综上,需要找到一种行之有效的方法来反演计算等效型煤的“构建参数”。

3.5.2　型煤的“构建参数”及试验结果

1) 型煤“构建参数”反演

正如第 2 章所述,BAS-ESVM 智能模型在多变量输入与多结果输出方面有着强大的处理能力,因此,针对构建型煤的 3 个决定参数与 2 个结果的问题,可以用该方法解决。将试验结果的 64 组数据样本,利用 ESVM 智能算法进行学习。其中,天牛须的初始设置为:最大迭代次数为 50 次,衰减系数 A,B 均设为 0.95;支持向量机初始参数 C,σ 均设置为 10。

引入均方根误差(RMSE),评价 BAS 对 SVM 参数的调节优化作用,见式(3-21)。经过一定次数的迭代后,调优迭代结果如图 3-20 所示,最终均方根误差 RMSE 为 0.031,这表明天牛须算法对支持向量机有着很明显的优化作用。具体优化后的结果如表 3-10 所示。利用学习得到的稳定 ESVM 算法,以及天牛须算法构建待寻优的成型参数组合,并以现场实测的原煤结果(单轴抗压强度为 2.5 MPa,孔隙率为 9.8%)和模型计算结果决定的最小误差为目标函数,进而通过迭代反演参数,得到寻优结果即最佳等效煤体的“构建参数”,结果如表 3-11所示。实际上有时候得到的参数解并非唯一解,此时要根据一般参数合理选取范围进行选定。以上过程发挥了 SVM 的快速非线性计算能力,同时发挥了 BAS 的效率极高的全局搜索能力。

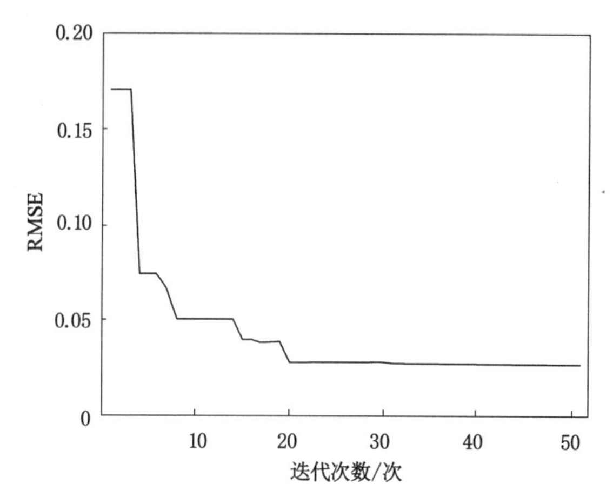

图 3-20 BAS 优化 SVM 的 RMSE 变化结果

$$\mathrm{RMSE}=\sqrt{\frac{1}{m}\sum_{i=1}^{m}(y_i-\hat{y})^2} \tag{3-21}$$

式中 RMSE——均方根误差;

m——样本数量;

y_i——预测值;

$\hat{y}$——真实值。

表 3-10 优化后的 SVM 参数

参数	经验取值范围	初始值	优化值
C	[0.001,100]	10	1.21
σ	[0.001,100]	10	4.17

表 3-11 反演得到的等效煤体成型参数

参数	成型压力/MPa	保压时间/min	含水率/%
取值范围	15~30	5~35	1~7
反演结果	23.7	33.5	4.82

2）"构建参数"下的等效煤体试验结果

根据反演得到的构建型煤的物理参数，在实验室制作型煤试样，并测试其单轴抗压强度和孔隙率。实测结果显示，按照反演参数制作的煤体孔隙率为 10%；试验强度结果如图 3-21 所示，单轴抗压强度为 2.52 MPa，与实际煤体的非常接近，这证明了参数反演的可行性和有效性。由此参数构建的煤体可以高度等效于现场实际煤体，可以依托其对煤体的流变特性作进一步分析。

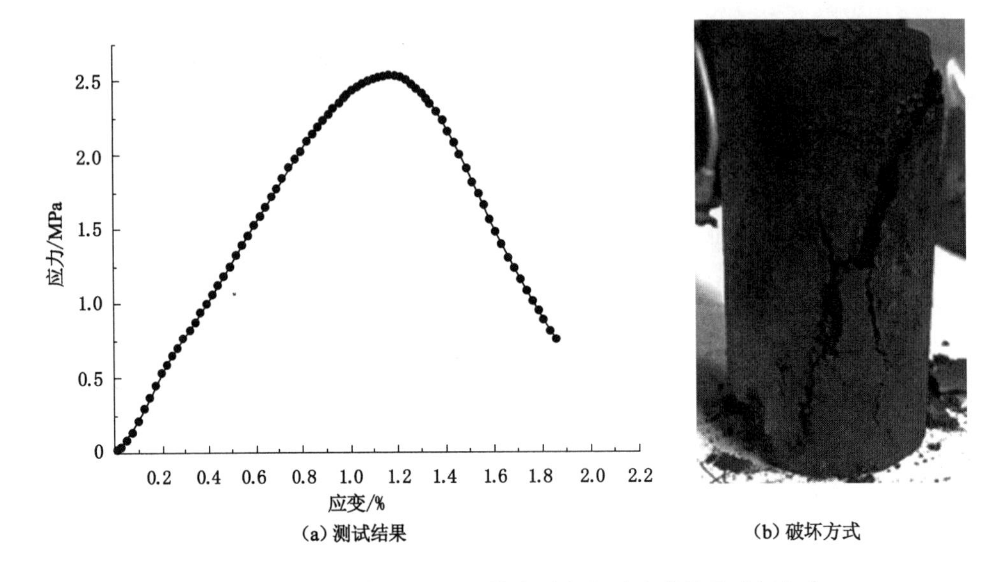

图 3-21 "构建参数"下的型煤实测应力-应变曲线及破坏方式

4　松散煤体流变特性与模型研究

现阶段,室内煤体的流变试验是掌握其流变力学特性的主要方法,室内试验具有方便控制试验条件、可重复多次试验、易于监测试验结果、参考价值高、成本低等优点,得到广泛应用。因此,开展实验室尺度下的松散煤岩蠕变研究,在保持不同应力状态下,分析其变形随时间变化特征,可以反映该类特殊软岩的蠕变规律,为建立松散煤体的流变模型提供依据。同时,试验结果可以作为现场煤体流变特性的参照,为揭示工程大尺度的巷道流变特征及建立工程数值模拟流变模型奠定基础。

通常,根据流变试验的载荷加载及试样制备方式,实验室流变试验可以分为剪切流变试验、单轴压缩流变试验及三轴压缩流变试验。本章限于试验条件,采用可以直观反映煤体流变特性的单轴压缩流变试验,以得到煤体在不同压力作用下的应变与时间的关系,并根据试验结果建立可以反映松散煤体的蠕变全过程的黏弹塑性蠕变模型,推导相应的三维蠕变方程,并进行参数辨识及本构模型数值计算验证,为巷道煤体流变研究奠定基础。

4.1　煤体试样单轴压缩流变试验

4.1.1　煤体试样及单轴压缩流变试验设备

根据等效煤体构建方法,选择制作好的等效煤体试样。由于煤体试样强度低,故采用高精度软岩试验机 UTM5504(深圳市新三思材料检测有限公司生产)。其量程为 0～50 kN,试验力及位移误差为±0.5%,试验力分辨率为 F.S./300 000,位移分辨率为 0.04 μm,全程不分档,全程分辨率不变;位移控制范围为 0.001～500 mm/min,应力控制范围为(0.005%～5%) F.S./s。对制作的 ϕ50 mm×100 mm 的圆柱体试样进行单轴压缩流变试验,仪器照片如图 4-1 所示。

4.1.2　流变试验方法及方案

一般地,室内流变试验常见的加载方法有两种,即分别加载法和分级加载法。分别加载法需要多个试样,分别进行长时加载而得到一簇不同应力下的流变曲线,难以保证试样完全一致,试验存在较大的波动,同时试验时间较长,要求试验机精度较高、稳定性好,实际试验中采用的较少。分级加载法在一个试样上施加不同的应力水平,在达到稳定蠕变时间后进行下一级应力加载,直至试样在给定应力下破坏。分级加载法可节约试样并能避免试样不同而产生的数据离散和波动,得到了广泛应用。但也应该注意到,由于上一级应力的加载,在试样中会产生或多或少的损伤,并且这种损伤会逐渐累积,一定程度上会影响试验结果。因此,选择何种加载方法要视情况而定。

考虑时间和成本等因素,选择分级加载法对试样进行流变试验。流变体对加载历史具有记忆效应,该效应可以表达为线性条件下的蠕变叠加原理,但在非线性条件下,不遵守简

图 4-1　高精度软岩试验机

单的叠加原理，因此很难建立本构关系。通过采取适当的技术方法如作图法可以建立真实变形的叠加关系，这种方法对于线性和非线性的蠕变曲线都适用。

1）分级加载法

对试样进行分级(阶梯)加载，过程如图 4-2 所示。在第一级载荷作用下，试样发生蠕变变形，若试验进行到 t_1 时不进行下一级载荷加载，则由于试样已经进入稳定蠕变阶段，试样将沿实线继续蠕变。因此，若对试样增加载荷，作用的效果是试样产生了实线与实线之间的附加变形，如图中的虚线部分。进一步地，可以建立以时间 t_1 为起点，在下级载荷作用下的蠕变曲线。继续进行阶梯加载，可以在上一级蠕变曲线上进行相同的处理。所以，可以在一块试样上得到不同应力下的蠕变曲线。采用这种方法可以尽可能地获得更多更准确的试验数据。

2）试验步骤及方案

在流变试验前要进行煤体试样的单轴瞬时强度测试，然后根据其强度确定一级加载应力水平和最大应力加载水平，在最大与最小应力加载水平间确定 2～5 个应力加载水平。加载速率控制在 5 N/s。保压时间一般以不产生较大蠕变变形为准，根据经验一般取 12～24 h，时间过短无法确定试样蠕变进入等速阶段，时间过长则会导致试验周期延长，成本增高。当某一级载荷加载时间到达设定时间时，加载下一级载荷，一般而言最后一级载荷的加载时间取决于试样破坏时间。鉴于此，等效松散煤体的单轴压缩流变试验具体步骤如下：

(1) 将制备好的煤样放入压盘中，调整中心位置，避免受偏压影响而产生较大误差。

(2) 试样加载时，施加一级载荷，恒定载荷 12 h 后施加二级载荷，以此类推，重复上述步骤，直至试样破坏。试样卸载时，载荷卸载至零，恒定维持 1 h。全程记录试验数据。

(3) 根据等效煤体单轴抗压强度试验测试结果，分别在 3 个试样上进行相关流变和卸

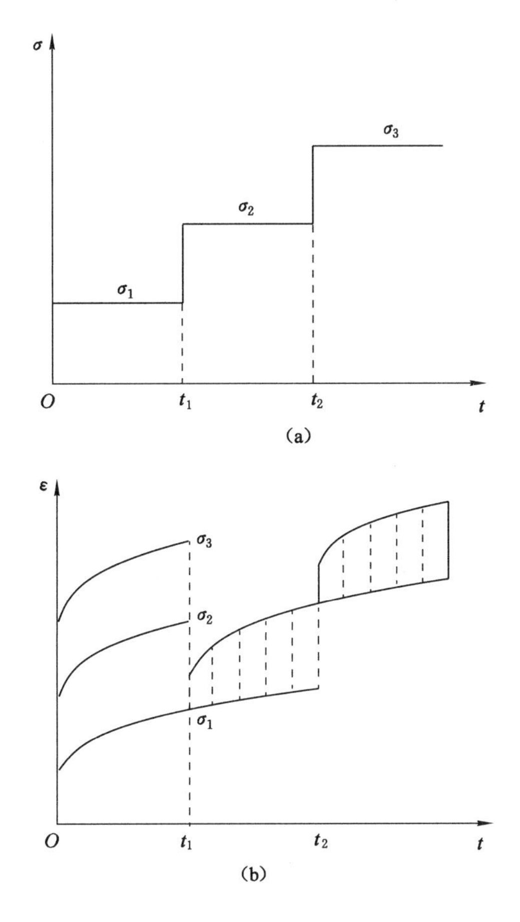

图 4-2　分级加载示意与蠕变曲线处理

载试验，试样 M-1 进行较大载荷级差流变试验，试样 M-2 进行较小载荷级差流变试验，试样 M-3 进行大载荷级差流变加载及卸载试验。具体载荷施加情况和试验方案如表 4-1 所示。

表 4-1　煤体单轴压缩流变试验方案与载荷水平

试样名称	载荷水平/MPa						
	一级	二级	三级	四级	五级	六级	七级
M-1	0.25	0.75	1.25	2.00	—	—	—
M-2	0.25	0.50	0.75	1.00	1.25	1.50	1.75
M-3	0.15	0.80	1.75	—	—	—	—

4.2　流变特性试验结果与分析

4.2.1　单轴压缩流变试验全过程轴向应变规律

图 4-3、图 4-4、图 4-5 分别为试样 M-1、M-2、M-3 的单轴压缩流变试验曲线。

通过观察上述曲线得到如下松散煤体流变过程中的基本特点：

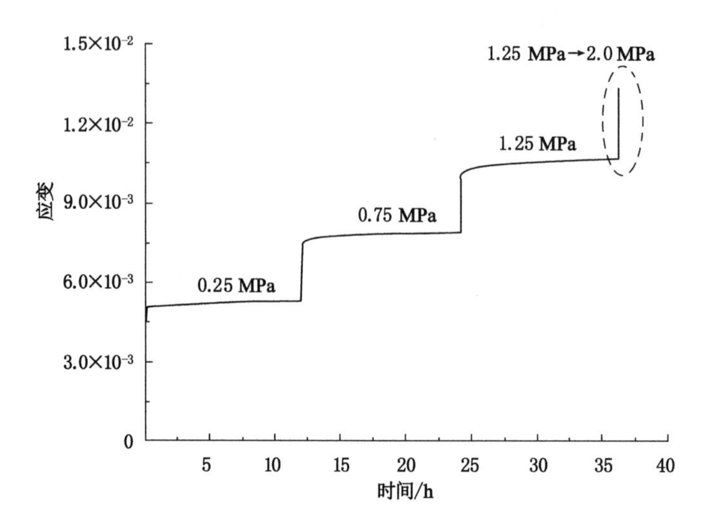

图 4-3　试样 M-1 流变全过程曲线

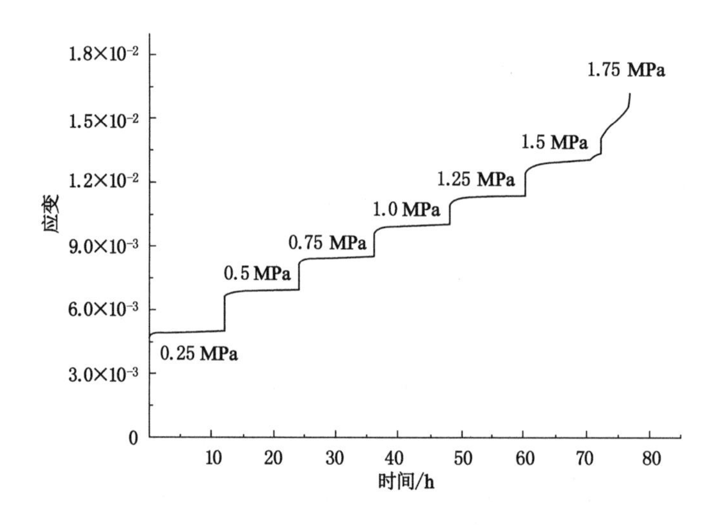

图 4-4　试样 M-2 流变全过程曲线

(1) 当载荷作用于试样时，试样就会产生瞬时变形，随着时间的延长，试样会产生蠕变变形。瞬时总应变随着应力水平的增加而增大，且瞬时应变占总变形的大部分。例如，试样 M-1 在一级载荷(0.25 MPa)作用时，产生的瞬时应变为 0.48%，而在三级载荷(1.25 MPa)作用时，瞬时应变达到了 1.01%；在一级载荷作用下，蠕变应变达 0.05%，而总应变此时为 0.53%，因此蠕变变形仅占全部变形的 9.4%左右。

(2) 对于松散煤体的蠕变试验，试样没有出现明显的起始蠕变应力阈值，也就是说即使在较低的应力水平下，煤体也会产生蠕变变形。如试样 M-3，在一级载荷(0.15 MPa)作用时，应变仍然随着时间的延长而增大，说明产生了蠕变变形。

(3) 当作用于试样的应力水平小于其屈服破坏强度时，蠕变变形由衰减蠕变阶段和等速蠕变阶段组成。如试样 M-1 的前三级载荷作用下的蠕变曲线，试样 M-2 的前六级载荷作

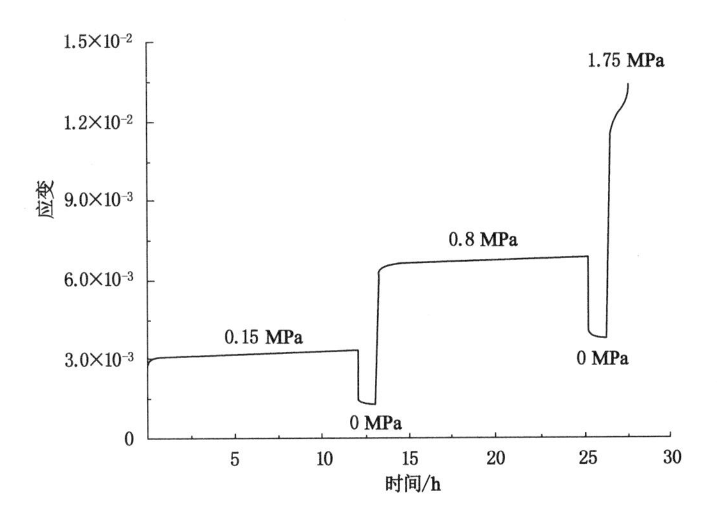

图 4-5　试样 M-3 流变加载及卸载全过程曲线

用下的蠕变曲线，以及试样 M-3 的前两级载荷作用下的蠕变曲线，都反映了该蠕变特点。取试样 M-2 在一级载荷作用下的蠕变曲线，建立应变速率与时间的关系曲线，如图 4-6 所示。图 4-6 形象地反映了应变速率也呈现两阶段变化特征，随着时间延长应变速率逐渐减小并维持在一个较小的范围内，应变速率接近零且基本保持不变。0～0.5 h 为煤体试样的衰减蠕变阶段，0.5～12 h 为等速蠕变阶段。

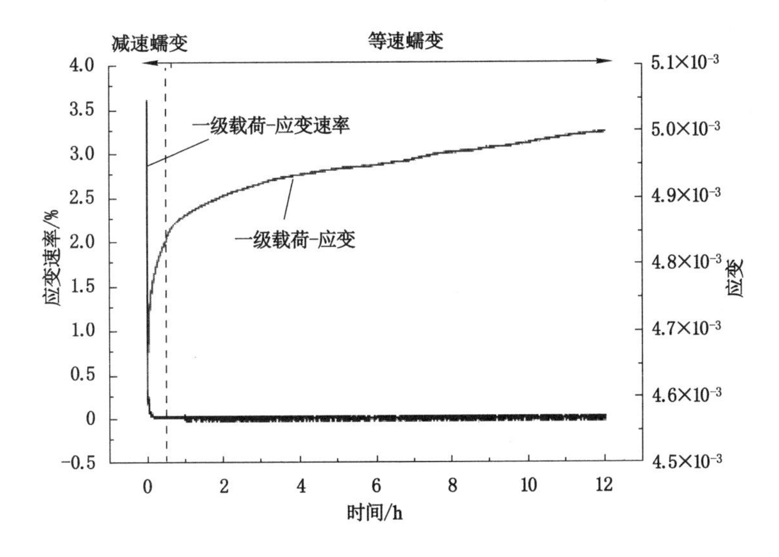

图 4-6　试样 M-2 在一级载荷作用下的应变速率与时间关系

（4）当作用于试样上的应力水平大于或等于其屈服阈值时，蠕变曲线一般由衰减蠕变、等速蠕变和加速蠕变三阶段组成。曲线一般在较短时间内经历这 3 个过程而发生破坏，其中加速蠕变阶段历时更短。如试样 M-2 和 M-3 在最后一级载荷作用下，都出现了典型的三阶段蠕变变形特性。如图 4-7 所示，应变速率与时间的关系体现了试样 M-2 在七级载荷作用下的蠕变三阶段变化情况。具体地，试样 M-2 在经历了 0.53 h 的减速蠕变阶段后进入了时长约为 3.62 h 的等速蠕变阶段，然后经过约 0.38 h 的加速蠕变阶段至试样破坏。总时长约为 4.53 h，远小于前几级应力水平下设定的 12 h 蠕变时间。

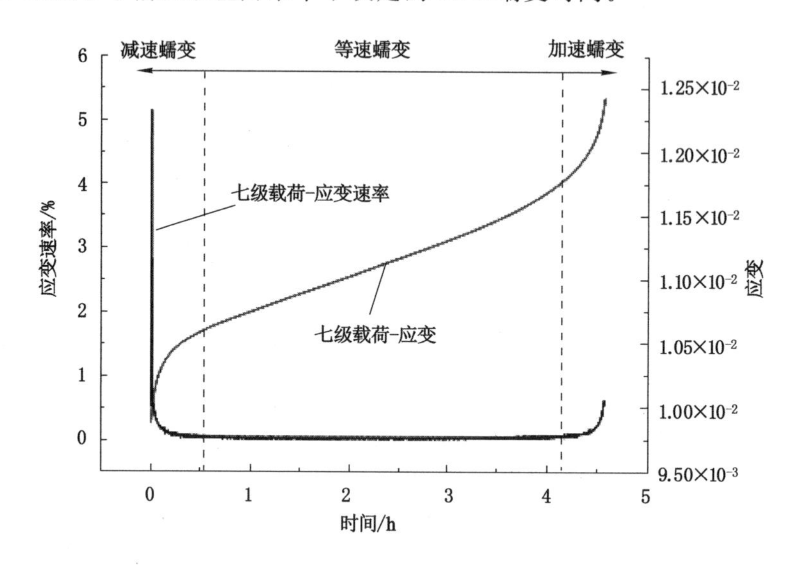

图 4-7 试样 M-2 在七级载荷作用下的应变速率与时间关系

(5) 当应力级差较大且最后一级应力水平超过其屈服阈值时，在加载过程中变形急剧增大，在极短的时间内试样就发生破坏，可认为该变形阶段为塑性破坏阶段。如试样 M-1，由于在二级和三级载荷作用下，试样内部产生了长时蠕变损伤，试样的屈服强度降低，在最后一级载荷(2.0 MPa)作用过程中，当应力超过其屈服强度时，试样发生屈服破坏。

(6) 卸载瞬间部分变形迅速得到了恢复，此时可认为是煤体中的弹性应变得到了恢复。随着时间的延长，黏弹性应变逐渐得到恢复，可认为具有弹性后效现象。当应力卸载至零时，试样的变形不能完全恢复，存在永久残余变形，且随着加载应力水平的增大，残余应变增大。如试样 M-3 的流变卸载试验，在一级载荷(0.15 MPa)卸载后，应变由原来的 0.32%突降至 0.16%，随着时间的延长，应变进一步降低至 0.14%左右，并稳定在该值附近；在二级载荷(0.8 MPa)卸载后，应变由原来的 0.68%突降至 0.39%，随着时间的延长，应变进一步降低至 0.37%左右，并稳定在该值附近。相较而言，随着加载应力水平的增大，试样的残余应变增大(0.37%>0.16%)。

4.2.2 单轴压缩流变试验轴向应力-应变曲线特征

选取试样 M-2 作为研究对象，绘制煤体流变试验过程应力-应变曲线，如图 4-8 所示。图 4-8 中与轴向应变轴近似平行的为蠕变变形，其他为载荷作用下的瞬时加载变形。图 4-8 清晰地反映如下规律：在较低的应力水平下，煤体产生较小的蠕变变形，此时瞬时加载变形占据主要部分，如在一、二、三、四级载荷作用下的加载变形与蠕变变形关系；随着应力水平的提高，蠕变变形逐渐增大，同时蠕变变形占比逐渐增大，如在五、六、七级载荷作用下的加载变形与蠕变变形关系。以上关系验证了上节所提及的轴向全过程蠕变规律。

进一步地，根据煤体流变状态下的应力-应变曲线特征，可以将曲线划分为如下四个阶段。

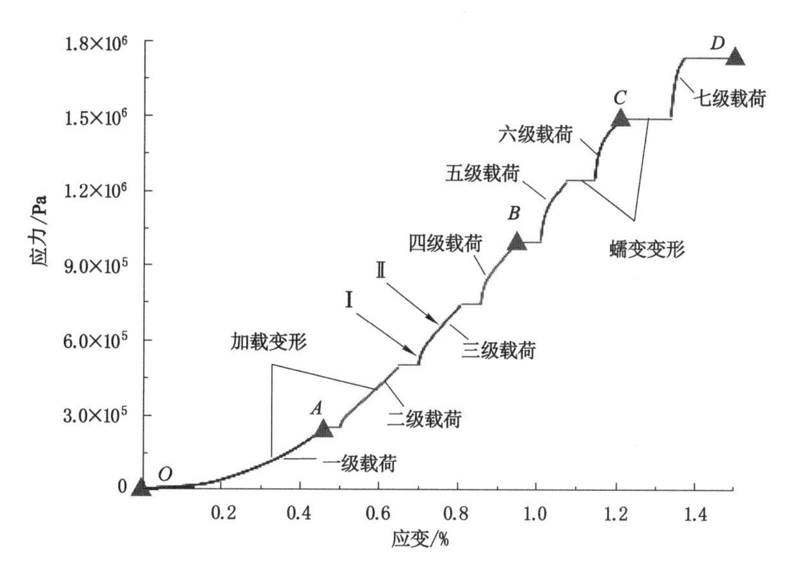

图 4-8　煤体流变状态下的应力-应变曲线

(1) *OA* 段(孔隙裂隙压密):类似于等效煤体的单轴压缩试验,该阶段煤体在受载作用下内部孔隙裂隙被压实压密,应力-应变曲线呈现上凹形,产生非线性变形,该变形在卸载后不会完全恢复。

(2) *AB* 段(线性变形):该阶段应力-应变曲线由图中的Ⅰ和Ⅱ两部分组成,两部分均为直线段。Ⅰ部分直线段近似垂直于应变轴,可视为瞬时弹性变形;Ⅱ部分为倾斜直线,可视为瞬时黏弹性变形,占据总线性变形的大部分。但需要注意的是,由于该阶段煤体受流变作用,煤体内部会产生蠕变损伤,小部分孔隙连通,若卸载,会存有永久残余变形(参照上节试样 M-3 卸载特性)。

(3) *BC* 段(孔隙裂隙发育):该阶段应力-应变曲线偏离直线,呈现非线性特征,产生不可恢复的塑性变形。此时,煤体在载荷作用下,部分裂隙扩展、孔隙贯通,加之前阶段所受到的流变损伤累积影响,煤体内承载结构遭到不可逆的弱化,塑性变形逐渐增大。

(4) *CD* 段(加速破坏):煤体内部的裂隙裂纹进一步扩展,孔隙与裂隙连通,产生宏观裂纹,塑性变形明显,试样发生加速塑性破坏。需要指出的是,该阶段的应力-应变曲线比常规单轴压缩应力-应变曲线变化快,主要是受前几阶段的蠕变损伤影响,煤体内部结构遭到累积破坏,在高应力作用下,裂隙迅速扩展演化,应变迅速增长,试样往往发生溃坏。

4.2.3　单轴压缩流变试验等时应力-应变曲线特征

进一步地,绘制等时应力-应变曲线。选取应力水平瞬时加载完成所对应的应力及应变,如图 4-8 中的点 *A*,*B*,*C* 记录应力及应变,此系列时间设为蠕变起始时间(0 h);选取发生衰减蠕变阶段,蠕变时间选取为 0.5 h;选取等速及加速阶段的应力应变点,此处蠕变时间选取为 4.5 h。如图 4-9 所示。

由图 4-9 可知,在蠕变起始时间条件下,随着应力水平的增大,煤体的瞬时变形增量逐渐减小,图中表现为 0 h 曲线上凹,表现为弹性特性。如图 4-9 中 0 h 曲线后几个阶段,在等应力级差为 0.25 MPa 条件下,应变增量由 0.08%减小至 0.065%,再到 0.04%。与之类似是在衰减蠕变阶段选取的 0.5 h 应力-应变曲线,随着应力水平的增大,煤体的衰减蠕变变

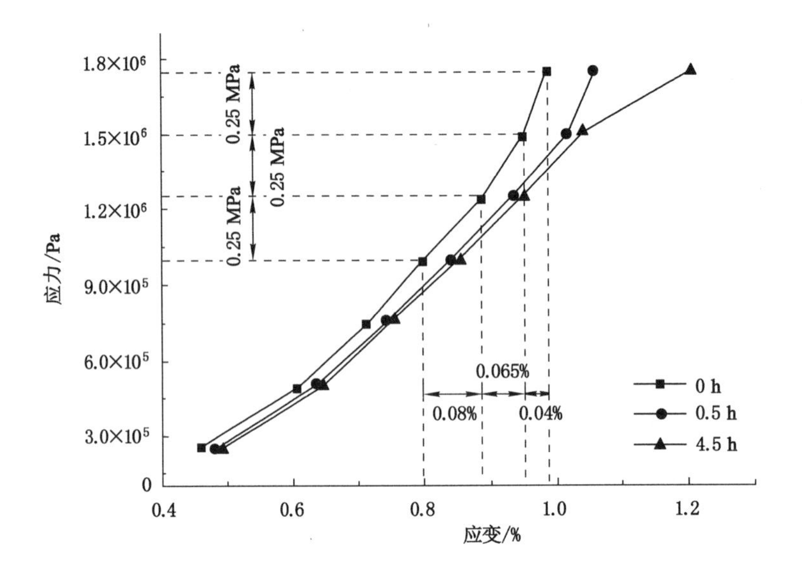

图 4-9 试样 M-2 等时应力-应变曲线

形增量逐渐减小，也表现为曲线上凹，但斜率减小，应变较 0 h 曲线增大，试样整体表现为黏弹性特征。与上述曲线趋势不同的是含有加速蠕变阶段曲线，在蠕变时间 4.5 h 所选取的应力应变点，在后两级等应力增量水平下，应变增量逐渐增大，间接说明此时已经达到煤体屈服强度，试样整体表现为黏弹塑性特征。此时试样在应力水平为 1.75 MPa 时发生破坏，限于试验条件，可将该值视为煤体的长期强度，因此试样的长期强度大约为极限强度(2.5 MPa)的 70%。另外，在应力水平为 1.5 MPa 时，经反复蠕变的煤体进入塑性屈服状态，因此流变试样的屈服强度约为极限强度(2.5 MPa)的 60%，小于由常规单轴压缩应力-应变曲线得到的屈服强度(1.75 MPa)。

综上所述，试样经过多次蠕变，宏观上表现为强度的降低，抵抗载荷能力的降低和屈服破坏强度的弱化。从内部结构来看，由于受到蠕变作用，煤体内部的孔隙、裂隙随着长时的载荷作用而不断调整、发育、扩展和贯通，这导致其承载能力逐渐丧失。这也说明煤体在低应力条件下应力-应变基本呈直线关系，而随着应力水平的增大，应力-应变曲线逐渐偏向应变轴，甚至在蠕变加速破坏时近似平行于应变轴。

4.2.4 单轴压缩流变试验瞬时加载煤体变形模量变化规律

为定量分析煤体蠕变对瞬时加载的应力增量的影响，取一级载荷加载段的直线段的应力增量和应变增量比值作为变形模量(*OA* 段变形模量)，取二、三、四级载荷加载过程的第Ⅱ部分直线段计算变形模量(*AB* 段变形模量)，因五、六、七级载荷加载过程的应力-应变的非线性关系，取其割线模量作为近似加载过程的变形模量(*BC* 段变形模量，*CD* 段变形模量)。各级载荷下对应的变形模量如表 4-2 所示，并将载荷水平与各级加载变形模量关系反映在图 4-10 中。由图 4-10 可知，在不同加载载荷作用下，煤体变形模量有整体增大之势，该结论与一些学者得到的结论类似[209]。这间接反映了煤体的非均质性和非弹性。

表 4-2　单轴压缩流变煤体瞬时加载变形模量

项　目	单轴压缩流变煤体应力-应变曲线分段变形模量						
	OA 段	*AB* 段			*BC* 段		*CD* 段
	一级	二级	三级	四级	五级	六级	七级
载荷水平/MPa	0.25	0.50	0.75	1.00	1.25	1.50	1.75
应力增量/MPa	0.089	0.193	0.190	0.159	0.229	0.251	0.221
应变增量/%	0.072	0.139	0.104	0.088	0.078	0.104	0.050
变形模量/MPa	123.61	138.85	182.69	180.68	293.59	241.35	442.00
变形模量平均值/MPa	123.61	167.41			267.47		442.00

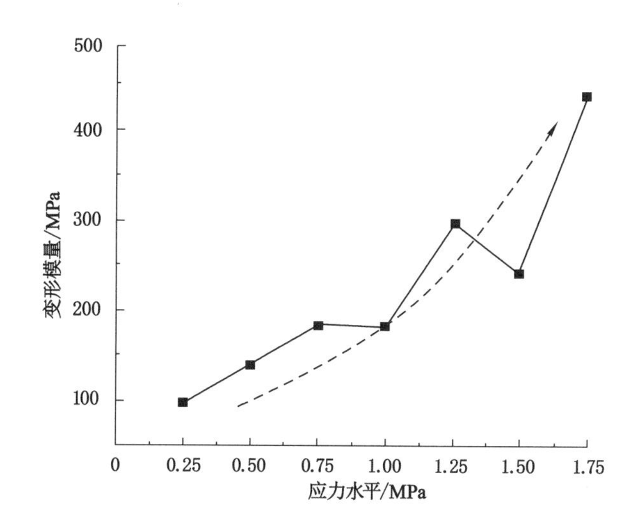

图 4-10　单轴压缩流变试验各级加载瞬时变形模量

进一步地，与常规单轴压缩应力-应变曲线的各个阶段变形模量对比。将常规单轴压缩各个阶段变形模量总结如表 4-3 所示，并取流变应力-应变曲线的分段变形模量平均值对比在图 4-11 中。由图 4-11 可知，煤体在单轴压缩过程中各阶段变形模量先增大后变小，与煤体单轴压缩流变各阶段变形模量变化趋势不同。相似的是在 *OA* 阶段，两者的变形模量相近，因为此时煤体都经历着类似的孔隙裂隙压密调整阶段，变形较大，应力升高不明显。对于单轴压缩试样来讲，弹性变形阶段（*AB* 段）变形模量最大，随着煤体受压由弹性转入塑性变形阶段，应变逐渐变大，而应力升高不明显，因此 *BC* 及 *CD* 段变形模量逐渐减小。对于单轴压缩流变试样而言，因计算瞬时压缩变形模量时并不包含蠕变变形，结果显示单轴压缩流变试样的 *BC* 及 *CD* 段变形模量大于单轴压缩试样的 *BC* 及 *CD* 段变形模量，但是若考虑蠕变变形，流变试样的各阶段变形模量都小于单轴压缩试样的各阶段变形模量。另外，因蠕变变形压密作用，当新的应力作用于煤体时，煤体抵抗瞬间变形能力得到提高，从而导致试样整体瞬时变形模量逐渐增大。需要指出的是，虽然多次蠕变产生蠕变累积损伤，但是在瞬时应力施加过程中，煤体内的孔隙裂隙连通扩展并不及时，变形较小，反而在再次进入蠕变状态时，煤体内的孔隙裂隙充分扩展连通，变形较大，这一点在流变试样的 *BD* 段可以体现（该阶段蠕变应变大于瞬时加载应变）。

表 4-3 常规单轴压缩煤体分段变形模量

项　目	单轴压缩煤体应力-应变曲线分段变形模量			
	OA 段	*AB* 段	*BC* 段	*CD* 段
应力增量/MPa	0.244	1.380	0.504	0.272
应变增量/%	0.162	0.480	0.210	0.220
变形模量/MPa	150.60	287.50	240.00	123.60

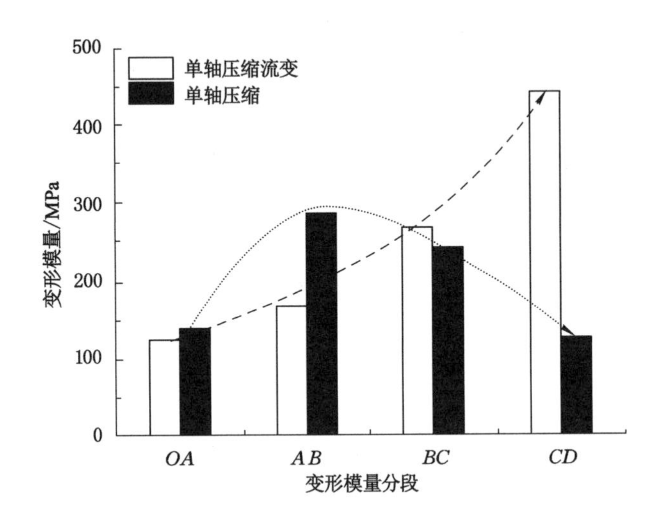

图 4-11 单轴压缩流变与单轴压缩各阶段变形模量对比

4.3 松散煤体蠕变方程建立

根据上节进行的室内试验及结果分析，本节将建立符合松散煤体流变规律的模型，并确定其流变参数。流变模型可以反映煤体在长时应力作用下的变形特性与机制。由于煤体材料的非线性和非均质性，建立完全精确和能够普适的模型非常困难，因此选择建立本构模型的方法和原则显得尤为重要。

4.3.1 煤岩体流变本构模型分类

煤岩体的流变性质主要研究煤岩材料在流变过程中的应力、应变和时间的关系，并通过一定的方程表达出来，主要包括本构方程、蠕变方程和松弛方程。其中，流变的蠕变方程表达了应变与时间的关系，是研究者比较关心的。其可以通过实验室试验得到，从而反映煤岩材料蠕变性质，并可作为依据，揭示现场的煤岩体变形与时间的关系特性。一般可以通过以下三种方法建立蠕变方程。

1）经验函数模型

一般采用幂函数、指数函数或者对数函数对试验数据进行拟合处理，建立经验公式。一般根据特定的材料进行试验，得到的经验公式不具有普适性，有局限性，科学应用受到限制。

(1) 幂函数型

$$\varepsilon_1(t) = A t^n \tag{4-1}$$

式中 A,n——试验常数。

（2）指数函数型

$$\varepsilon_2(t) = A\{1-\exp[f(t)]\} \tag{4-2}$$

式中 A——试验常数；

$f(t)$——时间的函数。

（3）对数函数型

$$\varepsilon_3(t) = \varepsilon_0 + A\log t + Bt \tag{4-3}$$

式中 ε_0——瞬时应变；

A,B——试验常数。

（4）混合函数型

$$\varepsilon(t) = \varepsilon_0 + \varepsilon_1(t) + \varepsilon_2(t) + \varepsilon_3(t) \tag{4-4}$$

式中 $\varepsilon(t)$——t 时的应变；

ε_0——瞬时应变；

$\varepsilon_1(t)$——幂函数型蠕变；

$\varepsilon_2(t)$——指数函数型蠕变；

$\varepsilon_3(t)$——对数函数型蠕变。

2）线性元件模型

线性元件模型根据流变元件模型理论，通过理想化的原件如弹性、塑性和黏性元件组合而成。经过不同形式的串联并联结合，得到一些典型的流变体模型，并可相应地推导它们的微分方程。该方式简便且形象，利于推导和推广，得到了广泛的应用。基本元件模型和本构关系见图 4-12。

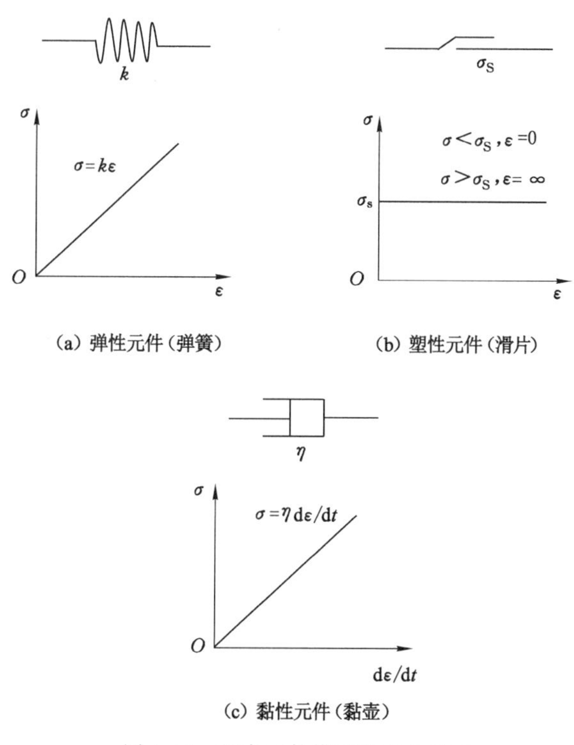

图 4-12 基本元件模型和本构关系

根据串并联规则，即串联各元件应力相等、应变等于各元件应变之和，并联各元件应变相等、应力等于各元件应力之和，将以上基本元件规律性地组合，就可以得到具有针对性的流变模型。岩石流变元件模型中较为著名的黏弹性模型有麦克斯韦模型、开尔文模型、伯格斯模型，黏弹塑性模型有宾汉模型、西原模型等。虽然基本元件组合具有可简单直观反映材料介质各种流变特性的优势，对描述流变的前两个阶段即减速蠕变和等速蠕变阶段效果较好，但无法较好地描述加速蠕变阶段，这在一定程度上限制了该类模型的应用。为此国内外学者在基本元件的基础上，进行了非线性流变元件模型的研究和探索。

3）非线性流变元件模型

根据一些工程和试验结果，煤岩体的流变存在应力-应变的非线性关系，尤其在处于较高应力水平时，这种非线性关系更加明显，目前通过元件模型法建立非线性关系的方法主要有：

（1）以线性流变元件为基础，对黏塑性体进行非线性修正，其中具有代表性的是将线性牛顿体替换为非线性牛顿体，进而得到新的非线性黏弹塑性流变模型。

（2）将线性流变元件模型与损伤力学、断裂力学模型进行耦合处理，进而得到非线性流变元件模型。

（3）将传统的线性流变模型与屈服准则决定的塑性体关联。如将伯格斯模型与莫尔-库仑准则下的塑性体串联得到新的线性黏弹塑性模型，称为 CVISC 模型。在用该模型计算时，只要参数选取合理得当，就可以获得应变与时间的加速蠕变阶段，这主要通过其强度参数确定[210]。

4.3.2 松散煤体流变模型选取原则及确定

1）总体原则

本构模型的正确选择不仅关系到实验室实测结果的拟合适应性，而且决定着大尺度工程实践的可靠性。一般来讲，在岩石的流变元件本构模型中，包含的元件越多、越复杂，越能全面地反映煤岩体的流变特性。但是应该注意的是，元件越多涉及的参数越多，而这些参数的计算就越困难，计算得到的数值可靠性就越低。另外，复杂的模型不适于工程应用，工程中应尽量简化减少参数数量而提高模型应用的便捷性。从深部巷道煤岩体赋存环境来看，大量的节理、裂隙和复杂的水文地质环境决定了实际选取的本构模型很难与真实围岩完全契合。因此，根据一些成熟的建议，在能反映煤岩体的流变特征前提下，流变模型选择越简单越好，参数宜少不宜多，关系式易简不易繁[211]。

2）松散煤体流变元件组合的确定

根据前述的煤体蠕变的应变与时间曲线特征，取试样 M-2 流变过程中典型的蠕变曲线（四级载荷及七级载荷下蠕变曲线）作为示例，如图 4-13 所示，结合典型的元件受力变形特征，阐述选择元件的依据，并得到如下元件的选取结论：

（1）施加载荷时，煤体产生瞬时的弹性变形，因此拟采用模型中应有独立的串联的弹簧元件。

（2）在载荷的持续长时间作用下，变形逐渐增大，因此拟采用模型中应有黏性元件。

（3）在较小的载荷作用时，煤体产生蠕变速率逐渐减小现象即存在减速蠕变阶段，因此模型采用开尔文体可以较好地模拟这种现象。

（4）大部分试验曲线显示，在经历减速蠕变阶段后，曲线一般趋于一个稳定的蠕变速率

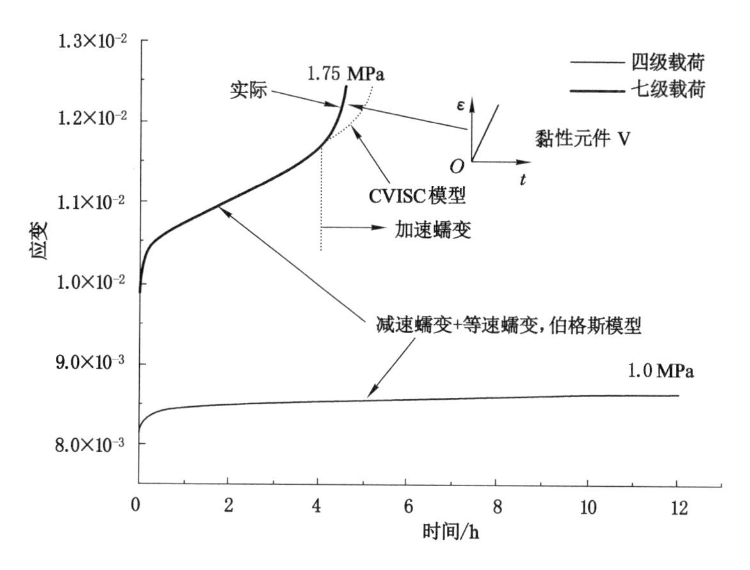

图 4-13 煤体蠕变典型曲线及相关蠕变模型分析

即等速蠕变阶段，因此模型中存在麦克斯韦体可以表达这种现象。

(5) 将开尔文体和麦克斯韦体串联组成伯格斯模型能够较好地描述大部分试验数据的减速和等速蠕变阶段，如图 4-13 中的四级载荷下的蠕变曲线，以及七级载荷下的加速蠕变前的阶段。

(6) 在较大的载荷作用下，部分试样试验结果出现了加速破坏情况，即加速蠕变阶段，试样破坏发生在较短时间内，产生大的塑性变形，可以认为煤体发生塑性屈服破坏。采用煤岩体通用的服从莫尔-库仑准则的塑性体，可以较好地反映其塑性破坏特征。

(7) 将伯格斯模型与 MC 塑性体串联组成 CVISC 模型，可以描述减速、等速及加速蠕变情况。但是需要注意的是，CVISC 模型应用时难以描述加速蠕变阶段的较短时间内的大变形，实际应用中往往加速蠕变时间过长，与实际有偏差，如图 4-13 中的实际加速蠕变阶段曲线与 CVISC 模型所得曲线。

(8) 由于黏性元件具有应变随时间延长逐渐增大的特点，考虑将黏性元件与 MC 塑性体串联，当材料受力超过其屈服强度进入塑性流动状态时，与之串联的黏性元件可增大模型的形变，宏观上体现为短时间内的加速蠕变，更符合实际。

3) 适合松散煤体的改进型 CVISC 流变模型

综合上述分析认为：考虑煤体的蠕变特性，用麦克斯韦体和开尔文体串联起来的伯格斯模型能够较好地描述大部分试验的减速和等速蠕变阶段，虽然在该线弹性阶段，增加弹性元件或者黏性元件可以组成更复杂的模型，但伯格斯模型对于煤岩体实用性而言已经足够，目前在岩土工程中已经得到广泛应用。当应力达到材料屈服强度时，结合加速蠕变所伴有的塑性屈服破坏及短时间内加速蠕变特性，进一步将伯格斯模型串联服从莫尔-库仑准则的塑性体和黏性元件 V，得到可描述松软煤体蠕变破坏特征的改进型 CVISC 模型，如图 4-14 所示。因此，采用改进型 CVISC 模型来进行等效煤体的蠕变曲线拟合和流变参数辨识。

该模型主要由两部分组成：第一部分的伯格斯模型可以模拟煤体的瞬时变形、蠕变、弹性后效和黏性流动等行为。第二部分模拟煤体的加速蠕变破坏并考虑其黏塑性特征，采用

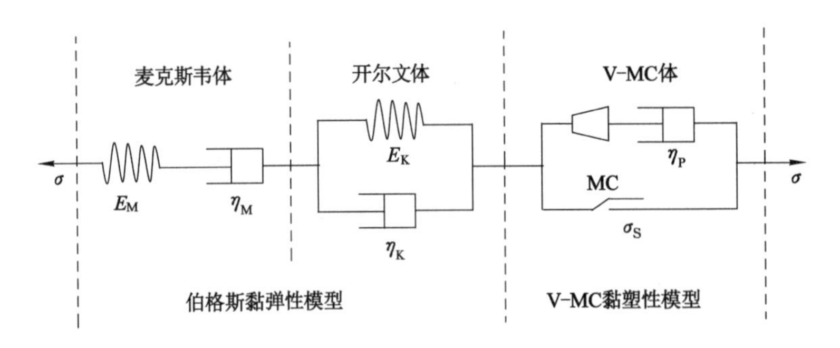

图 4-14　煤体黏弹塑性蠕变力学模型

改进型的 MC 塑性体串联黏性元件 V，即 V-MC 体。第二部分服从莫尔-库仑屈服准则，当应力 σ 小于 σ_S 时，改进的 MC 黏塑性元件的应变为零；当应力 σ 大于 σ_S 时，改进的 MC 黏塑性元件服从塑性流动规律。

4.3.3　改进型 CVISC 模型蠕变方程及差分形式

1）改进型 CVISC 模型蠕变方程建立

根据以上分析，当 $\sigma<\sigma_S$ 时，模型简化为伯格斯模型；当 $\sigma>\sigma_S$ 时，模型由伯格斯模型和改进型 MC 黏塑性模型串联而成。由于要着重分析软煤体的蠕变性质，以下重点分析改进型 CVISC 模型的蠕变本构方程。

（1）当 $\sigma<\sigma_S$ 时

模型由麦克斯韦体和开尔文体组成，根据串联各元件应力相等、应变等于各元件应变之和，并联各元件应变相等、应力等于各元件应力之和的原则，可以得到：

对于麦克斯韦体，有：

$$\dot{\varepsilon}_M = \frac{\dot{\sigma}_M}{E_M} + \frac{\sigma_M}{\eta_M} \tag{4-5}$$

对于开尔文体，有：

$$\sigma_K = \eta_K \dot{\varepsilon}_K + E_K \varepsilon_K \tag{4-6}$$

因为模型串联，有：

$$\sigma = \sigma_M = \sigma_K, \varepsilon = \varepsilon_M + \varepsilon_K, \dot{\varepsilon} = \dot{\varepsilon}_M + \dot{\varepsilon}_K, \ddot{\varepsilon} = \ddot{\varepsilon}_M + \ddot{\varepsilon}_K \tag{4-7}$$

式中，下角标 M、K 分别表示麦克斯韦体和开尔文体所对应的参量；$\dot{\varepsilon}$，$\dot{\sigma}$ 分别表示应变和应力对时间的一阶导数；$\ddot{\varepsilon}$，$\ddot{\sigma}$ 分别表示应变和应力对时间的二阶导数；E_K、E_M，η_K、η_M 分别为开尔文体和麦克斯韦体的弹性模量和黏滞系数。

所以可得：

$$\sigma = \eta_K \ddot{\varepsilon} - \eta_K\left(\frac{\dot{\sigma}}{E_M} + \frac{\sigma}{\eta_M}\right) + E_K(\varepsilon - \varepsilon_M) \tag{4-8}$$

进一步地，等式两边分别微分，并代入 $\dot{\varepsilon}_M$，简化得到：

$$\ddot{\sigma} + \left(\frac{E_M}{\eta_M} + \frac{E_M}{\eta_K} + \frac{E_K}{\eta_K}\right)\dot{\sigma} + \frac{E_M E_K}{\eta_M \eta_K}\sigma = E_M \ddot{\varepsilon} + \frac{E_M E_K}{\eta_K}\dot{\varepsilon} \tag{4-9}$$

式(4-9)即伯格斯模型的蠕变本构方程。

令应力为常数，代入式(4-9)可得伯格斯模型的一维蠕变方程：

$$\varepsilon = \frac{\sigma}{E_{\mathrm{M}}} + \frac{\sigma}{\eta_{\mathrm{M}}}t + \frac{\sigma}{E_{\mathrm{K}}}\left[1 - e^{-\frac{E_{\mathrm{K}}}{\eta_{\mathrm{K}}}t}\right] \tag{4-10}$$

进一步地,蠕变模型的三维本构模型可以由一维本构方程推广得到,采用张量形式表达三维本构形式。一般地,空间一点的应力偏张量分量和应变偏张量分量分别可以表示为S_{ij},e_{ij},应力球张量分量和应变球张量分量分别为σ_{kk},ε_{kk},因此:

$$\begin{cases} S_{ij} = \sigma_{ij} - \dfrac{1}{3}\sigma_{kk}\delta_{ij} \\ e_{ij} = \varepsilon_{ij} - \dfrac{1}{3}\varepsilon_{kk}\delta_{ij} \end{cases} \tag{4-11}$$

式中 δ_{ij}——单位球张量符号。

由弹性力学理论可知:

$$\begin{cases} S_{ij} = 2Ge_{ij} \\ \sigma = 3K\varepsilon \\ \sigma = \sigma_{kk}/3 \\ \varepsilon = \varepsilon_{kk}/3 \end{cases} \tag{4-12}$$

式中 σ,ε——平均正应力和平均正应变;

K,G——体积模量和剪切模量。

对于大部分材料来讲,由球张量引起的体积应变是弹性的,应变偏张量只与应力偏张量有关。因此,将一维蠕变模型转换为三维模型,只需要将相应的流变参数进行转换即可。

$$\begin{cases} \sigma \rightarrow S_{ij} \\ \varepsilon \rightarrow e_{ij} \\ E \rightarrow 2G \\ \eta \rightarrow 2N \end{cases} \tag{4-13}$$

其中,将一维弹性模量E、黏滞系数η分别转换为三维剪切弹性模量G和剪切黏滞系数N。

因此,将式(4-10)转换为三维蠕变方程形式:

$$e_{ij} = \frac{S_{ij}}{2G_{\mathrm{M}}} + \frac{S_{ij}}{2N_{\mathrm{M}}}t + \frac{S_{ij}}{2G_{\mathrm{K}}}\left[1 - e^{-\frac{G_{\mathrm{K}}}{N_{\mathrm{K}}}t}\right] \tag{4-14}$$

在单轴压缩试验中,$\sigma_2 = \sigma_3 = 0$,$\varepsilon_2 = \varepsilon_3$:

$$\begin{cases} \sigma = \sigma_1/3 \\ s_{11} = \sigma_1 - \sigma \\ \varepsilon = (\varepsilon_1 + 2\varepsilon_3)/3 \\ e_{11} = \varepsilon_1 - \varepsilon \end{cases} \tag{4-15}$$

将式(4-15)代入式(4-14)可得轴向应变的蠕变方程:

$$\varepsilon = \frac{\sigma_1}{9K} + \frac{\sigma_1}{3G_{\mathrm{M}}} + \frac{\sigma_1}{3G_{\mathrm{K}}}\left[1 - e^{-\frac{G_{\mathrm{K}}}{N_{\mathrm{K}}}t}\right] + \frac{\sigma_1}{3N_{\mathrm{M}}}t \tag{4-16}$$

式(4-16)即典型的伯格斯模型三维蠕变方程。该蠕变方程包括四个组成部分,前两部分为瞬时的弹性应变(瞬时体积变形和瞬时剪切变形);第三部分为呈负指数规律衰减的可恢复应变;第四部分为不可恢复应变。因此,模型可以很好地描述岩石的瞬时弹性变形、衰减蠕变和等速蠕变特性。

(2) 当$\sigma > \sigma_S$时

模型由伯格斯体和 V-MC 体发挥作用，并由该两体串联而成。模型总应变可以认为是该两体的应变之和，因此，模型的三维微分本构方程为：

$$\dot{e}_{ij} = \dot{e}_{ij}^{B} + \dot{e}_{ij}^{P} + \dot{e}_{ij}^{V} \tag{4-17}$$

式中 $\dot{e}_{ij}^{B}, \dot{e}_{ij}^{P}, \dot{e}_{ij}^{V}$——分别为伯格斯模型的应变率、MC 塑性元件的应变率和黏性元件 V 的应变率。

对于塑性元件 MC，有：

$$\dot{e}_{ij}^{P} = \lambda \frac{\partial g}{\partial \sigma_{ij}} - \frac{1}{3} \dot{e}_{vol}^{P} \delta_{ij} \tag{4-18}$$

$$\dot{e}_{vol}^{P} = \lambda \left[\frac{\partial g}{\partial \sigma_{11}} + \frac{\partial g}{\partial \sigma_{22}} + \frac{\partial g}{\partial \sigma_{33}} \right] \tag{4-19}$$

式中 $\dot{e}_{vol}^{P}$——塑性体应变偏量；

g——塑性势函数。

对于黏性元件 V，有：

$$\dot{e}_{ij}^{V} = \frac{S_{ij} - S_{ij}^{S}}{2N_V} \tag{4-20}$$

进一步地，若采用相关联流动法则，可认为塑性势函数 g 与屈服函数 f 相同，即

$$f = \sigma_1 - \sigma_3 N_\varphi + 2C\sqrt{N_\varphi} \tag{4-21}$$

$$f = \sigma_t - \sigma_3 \tag{4-22}$$

$$N_\varphi = (1 + \sin\varphi)/(1 - \sin\varphi)$$

式中 C——材料内聚力；

φ——内摩擦角；

σ_t——抗拉强度；

σ_1——最大主应力；

σ_3——最小主应力。

式(4-21)和式(4-22)分别代表剪应力屈服和拉应力屈服情况。

2) 改进型 CVISC 模型差分表达

采用 FLAC 软件进行 CVISC 模型的改进并应用。FLAC 中内置由伯格斯模型和莫尔-库仑模型串联而成的黏弹塑性 CVISC 模型。但如上所述，该模型在模拟蠕变加速阶段时不是很理想，因此对 CVISC 模型进行修正以实现煤体的衰减、等速及加速蠕变过程。该模型的差分表达形式如下。

模型由三部分组成，分别为开尔文体、麦克斯韦体和 V-MC 黏塑性体，因此其三维蠕变方程可以写为应力与应变增量形式：

$$\Delta e_{ij} = \Delta e_{ij}^{K} + \Delta e_{ij}^{M} + \Delta e_{ij}^{P} + \Delta e_{ij}^{V} \tag{4-23}$$

式中，上角标 K、M、P、V 分别表示开尔文体、麦克斯韦体和 V-MC 黏塑性体对应的量；Δe_{ij}为偏应变增量。

对于开尔文体：

$$S_{ij} = 2N_K \dot{e}_{ij}^{K} + 2G_K e_{ij}^{K} \tag{4-24}$$

式中　e_{ij}，$\dot{e}_{ij}$ ——偏应变和偏应变对时间的一阶导数。

$$\overline{S}_{ij}\Delta t = 2N_{K}\Delta e_{ij}^{K} + 2G_{K}\overline{e}_{ij}^{K}\Delta t \tag{4-25}$$

$$\overline{S}_{ij} = \frac{S_{ij}^{N} + S_{ij}^{O}}{2}, \overline{e}_{ij}^{K} = \frac{e_{ij}^{K,N} + e_{ij}^{K,O}}{2}, \Delta e_{ij}^{K} = e_{ij}^{K,N} + e_{ij}^{K,O} \tag{4-26}$$

式中，上标 N，O 表示新值和旧值。

结合上述方程求解 $e_{ij}^{K,N}$，开尔文体的应变可以用式(4-27)表达：

$$e_{ij}^{K,N} = \frac{1}{A}\left[Be_{ij}^{K,O} + \frac{\Delta t}{4N_{K}}(S_{ij}^{N} + S_{ij}^{O})\right] \tag{4-27}$$

$$A = 1 + \frac{G_{K}}{2N_{K}}\Delta t \tag{4-28}$$

$$B = 1 - \frac{G_{K}}{2N_{K}}\Delta t \tag{4-29}$$

式中　$e_{ij}^{K,N}$ ——开尔文体偏应变的新值；

$e_{ij}^{K,O}$ ——开尔文体偏应变的旧值。

对于麦克斯韦体：

$$\Delta e_{ij}^{M} = \frac{\Delta S_{ij}}{2G_{M}} + \frac{\overline{S}_{ij}}{2N_{M}}\Delta t \tag{4-30}$$

对于 V-MC 黏塑性体：

其中塑性元件 MC 部分：

$$\Delta e_{ij}^{P} = \Delta\lambda\frac{\partial g}{\partial\sigma_{ij}} - \frac{1}{3}\Delta e_{vol}^{P}\delta_{ij} \tag{4-31}$$

在相关联流动法则中，塑性势函数取为塑性屈服函数，体积应变增量为：

$$\Delta e_{vol}^{P} = \Delta\lambda\left[\frac{\partial g}{\partial\sigma_{11}} + \frac{\partial g}{\partial\sigma_{22}} + \frac{\partial g}{\partial\sigma_{33}}\right] \tag{4-32}$$

对于黏性元件 V 部分：

$$\Delta e_{ij}^{V} = \frac{\overline{S}_{ij} - \overline{S}_{ij}^{S}}{2N_{V}}\Delta t \tag{4-33}$$

根据以上建立的应力应变增量表达式，用编译器 VS2010 编写相关修正程序代码，通过 FLAC 提供的接口将修正的 CVISC 模型嵌入并应用。

4.4　松散煤体流变模型参数辨识

由上节可知，改进型 CVISC 模型共包含 9 个参数，包括伯格斯模型中的 3 个弹性参数 K，G_{K}，G_{M}，2 个黏滞系数 N_{K}，N_{M}，以及 V-MC 黏塑性模型中的材料参数 C，φ，σ_{t} 及黏滞系数 N_{V}。其中，K，C，φ，σ_{t} 可以通过材料试验计算得到；剩下的参数由于方程较为复杂，可以通过最小二乘法进行回归拟合得到，同时利用数值方法进行验证。

4.4.1　改进型 CVISC 模型退化的伯格斯模型拟合

建立的蠕变模型正确与否，需要通过典型的蠕变试验数据进行验证。因此，选取前述选用的典型煤体试样 M-2 蠕变曲线进行拟合和参数辨识。当载荷水平小于其屈服破坏应力时，即载荷水平为 0.25 MPa、0.5 MPa、0.75 MPa、1 MPa、1.25 MPa、1.5 MPa 时，对该 6 个载荷水平下的蠕变试验曲线进行参数辨识。因应力 $\sigma<\sigma_s$，此时改进型 CVISC 模型符合理论建立的伯格斯模型蠕变方程[见式(4-16)]。其中，弹性参数体积模量 K 可由弹性模量计算得到，见式(4-34)：

$$K=\frac{E}{3(1-2\mu)} \tag{4-34}$$

式中 E——煤体弹性模量；

μ——煤体泊松比。

实际上，虽然煤体为黏弹塑性材料，在流变试验过程中，也可以认为各载荷水平下加载过程中其应力-应变基本满足弹性特征。因此，煤体的弹性模量取自 4.2 节所求的变形模量(见表 4-2)，煤体泊松比经测试取为 0.3，试样 M-2 在各级载荷下的蠕变试验曲线及拟合曲线分示在图 4-15 至图 4-17 中，辨识结果列于表 4-4。

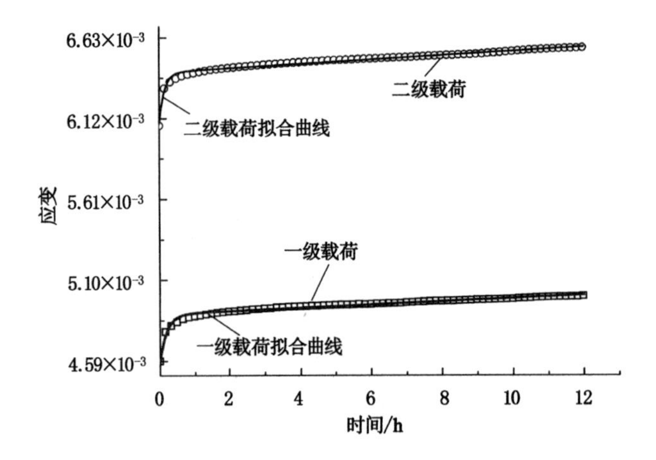

图 4-15　试样 M-2 单轴蠕变曲线一、二级载荷拟合结果

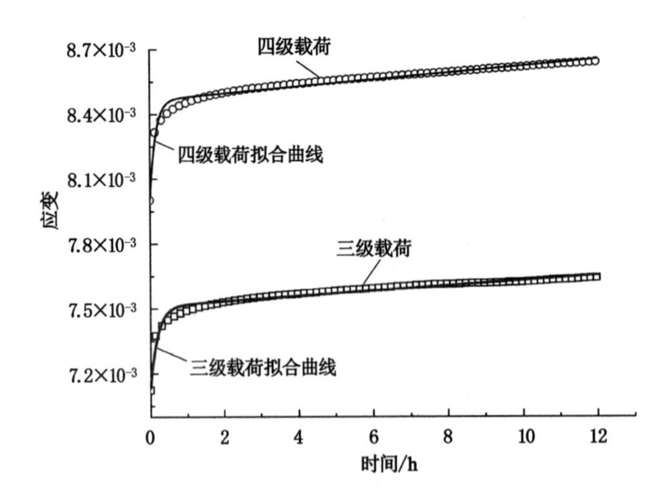

图 4-16　试样 M-2 单轴蠕变曲线三、四级载荷拟合结果

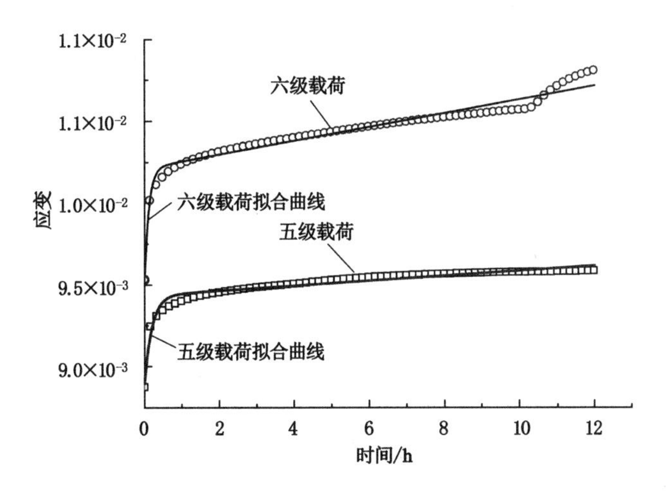

图 4-17 试样 M-2 单轴蠕变曲线五、六级载荷拟合结果

表 4-4 改进型 CVISC 模型退化的伯格斯模型参数辨识结果

流变参数	载荷水平/MPa						平均值
	0.25	0.50	0.75	1.00	1.25	1.50	
K/GPa	0.103 0	0.115 0	0.152 0	0.151 0	0.244 0	0.201 0	0.161 0
G_K/GPa	0.278 3	0.308 7	0.266 9	0.210 7	0.185 8	0.139 7	0.231 7
G_M/GPa	0.019 1	0.017 1	0.014 5	0.012 9	0.011 5	0.010 8	0.014 3
N_K/(GPa·h)	0.055 5	0.045 8	0.053 3	0.031 8	0.036 8	0.016 1	0.039 9
N_M/(GPa·h)	8.139 4	7.421 5	8.163 1	6.282 2	6.535 9	2.382 5	6.487 4
R^2	0.954 1	0.968 8	0.944 3	0.954 1	0.922 9	0.951 2	0.949 2

由图 4-15 至图 4-17 及相关系数 R 来看，拟合曲线和蠕变试验曲线吻合程度较好，由最小二乘法辨识的流变参数，在改进型 CVISC 模型退化的伯格斯模型上可以较好地体现蠕变试验曲线的减速蠕变及等速蠕变特征。六级载荷后期的应变有部分突变，这是煤体内部蠕变损伤积累形成的局部破坏造成的，并不影响整体蠕变的发展。若剔除此部分，拟合精度会更高。流变试验更注重试验结果的整体趋势和走向，因此可认为该拟合结果符合试验实际，达到了较好的效果。每级载荷水平下求得的参数各不相同，这间接说明了试验煤体试样为非线性黏弹塑性体，而非理想的线性黏弹塑性体。随着载荷水平的提高，拟合参数中的 G_K，G_M有减小趋势，而 N_K，N_M变化趋势不明显，这说明了非线性拟合中不确定性因素影响较大，如蠕变累积影响、瞬时加载影响等。因此，鉴于实践中煤体的高度复杂性和非线性非均质性，同时室内试验存在不确定因素，强调不同载荷水平下的流变参数的异同并不一定能够大幅度提高计算的准确性。参照前人的研究成果，在进行蠕变分析与计算时，将流变参数设为常数可以减弱载荷水平影响的不确定性，一般地，计算时取各级载荷下的流变参数的平均值。

当应力 $\sigma>\sigma_S$，即载荷水平为 1.75 MPa 时，此时改进型 CVISC 模型退化的伯格斯模型蠕变方程适用性较差，拟合结果和流变参数如图 4-18 和表 4-5 所示。从图 4-18 中可以看出，伯格斯模型可以较好地拟合减速和等速蠕变阶段，拟合程度好；对于加速蠕变阶段，伯格斯模型拟合结果仍然是等斜率的直线段，并不能在较短时间内实现大的变形或者实现拟合曲线的上凹，拟合程度较差。因此，当应力超过煤体的屈服破坏应力时，采用改进型 CVISC 模型退化的伯格斯模型并不合适。

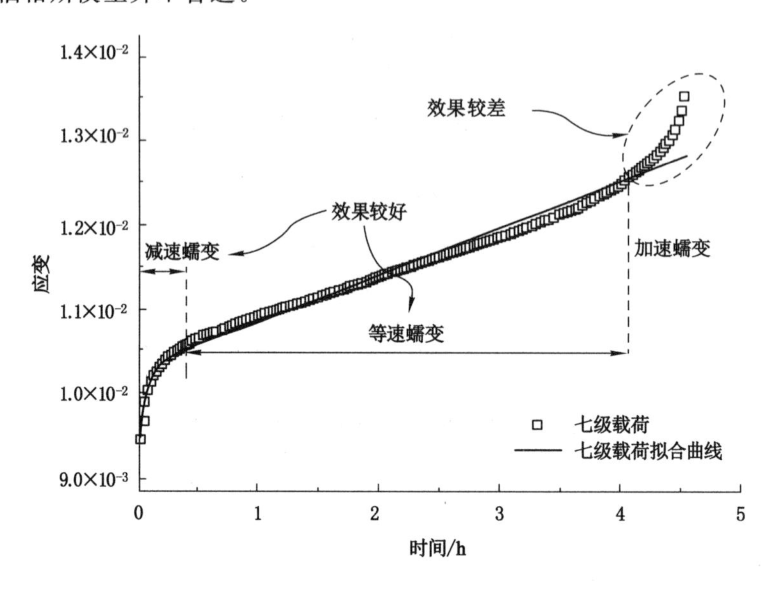

图 4-18　加速蠕变阶段拟合效果

表 4-5　改进型 CVISC 模型退化的伯格斯模型对七级载荷参数辨识结果

流变参数	K/GPa	G_K/GPa	G_M/GPa	N_K/(GPa·h)	N_M/(GPa·h)	R^2
计算结果	0.368 0	3.964 3	0.303 2	0.261 8	5.858 0	0.874 6

4.4.2　改进型 CVISC 模型数值验证及拟合

1）模型建立

鉴于伯格斯模型对于应力超过煤体屈服破坏应力的加速蠕变阶段数据拟合效果不理想，同时结合上节分析认为 CVISC 模型难以实现加速蠕变阶段的短时大变形，因此本节根据改进型 CVISC 模型差分格式，对传统的 CVISC 模型修正，建立一种可以全过程模拟煤体蠕变的衰减、等速及加速阶段的蠕变模型。将修正后的 CVISC 模型嵌入 FLAC3D 软件，对上述分析的试样 M-2 进行单轴压缩数值模拟。本次模拟的试样尺寸与实验室蠕变试验试样 M-2 尺寸相同，直径为 50 mm，高度为 100 mm。模型顶部施加与试验载荷水平相同的载荷，模型底部采用位移约束。模型如图 4-19 所示。

2）参数选取

CVISC 模型中 MC 体的力学强度参数如内聚力、内摩擦角等，可由实验室直剪试验测得，剪切仪器剪切位移控制速度为 0.001～300 mm/min，剪切载荷控制速度为 0.01～1 kN/s。采用相似方法制作等效煤体圆柱体试样（ϕ50 mm×50 mm）进行多组剪切试验，数据拟合后得到相关力学参数，列于表 4-6。仪器照片如图 4-20(a)和图 4-20(b)所示，所制作的等效剪切煤体试样如图 4-20(c)所示，剪切后效果如图 4-20(d)所示。

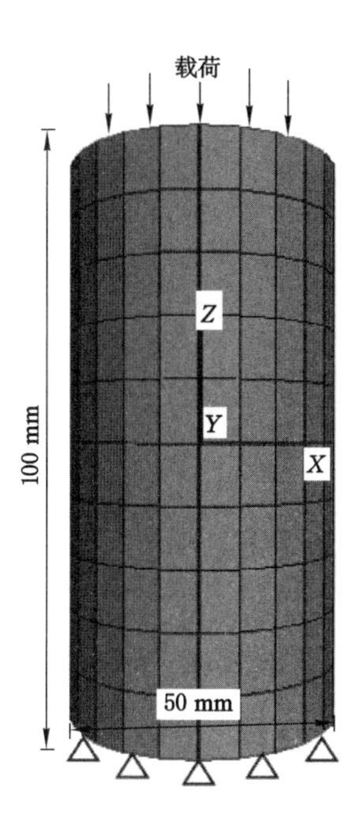

图 4-19　三维单轴压缩蠕变数值模型

(a) 剪切设备

(b) 剪切盒

图 4-20　试验仪器及试样破坏情况

(c) 剪切试样

(d) 剪切破坏后试样

图 4-20(续)

CVISC 模型中煤体的蠕变参数已经由上述拟合计算得到,见表 4-4。CVISC 模型中 V-MC 黏塑性模型的黏滞系数见表 4-6。其可由传统 CVISC 模型模拟结果与实际蠕变曲线加速段之间的黏滞系数差值来计算,示意如图 4-21 所示,具体计算过程如下。

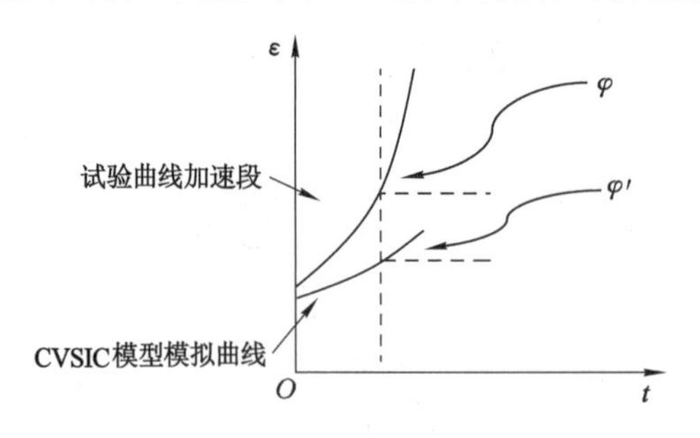

图 4-21　黏滞系数 N_V 计算示意

表 4-6　CVISC 模型中 V-MC 黏塑性模型参数选取

内聚力 C/MPa	内摩擦角 φ/(°)	抗拉强度 σ_t/MPa	黏滞系数 N_V/(GPa·h)
0.77	24	0.18	7.955

一般地，在实测蠕变曲线加速阶段有：

$$\dot{\varepsilon} = \tan\varphi = \frac{\sigma - \sigma_S}{\eta_1}t \tag{4-35}$$

$$\ddot{\varepsilon} = \tan\dot{\varphi} = \frac{1}{\sec^2\varphi} = \frac{\sigma - \sigma_S}{\eta_1} \tag{4-36}$$

因此：

$$\eta_1 = (\sigma - \sigma_S)\sec^2\varphi \tag{4-37}$$

式中 η_1——实测蠕变曲线加速段等效黏滞系数；

φ——实测蠕变曲线加速段与时间轴的平均夹角；

σ,σ_S——施加的屈服破坏载荷与煤体蠕变屈服应力。

类似地，在 CVISC 模型模拟曲线的加速段有：

$$\eta_2 = (\sigma - \sigma_S)\sec^2\varphi' \tag{4-38}$$

式中 η_2——CVISC 模型模拟蠕变曲线加速段等效黏滞系数；

φ'——模拟蠕变曲线加速段与时间轴的平均夹角。

因此，所建立的改进型 CVISC 模型实际上是增加了 η_1 与 η_2 之间的差值部分，即黏滞系数 N_V 为：

$$N_V = \eta_1 - \eta_2 = (\sigma - \sigma_S)(\sec^2\varphi - \sec^2\varphi') \tag{4-39}$$

3）数值模拟结果分析

分别选取两个较小载荷水平 0.25 MPa 和 0.75 MPa，以及屈服破坏载荷水平 1.75 MPa 进行数值模拟，以验证改进型 CVISC 模型模拟的煤体在不同载荷下的两种典型蠕变特性，即减速和等速两阶段蠕变，以及减速、等速及加速三阶段蠕变。记录模型在加载条件下的蠕变监测点的位移情况，在模型顶部中心点(0,0,50)设置监测点。一级载荷作用下位移如图 4-22 所示，

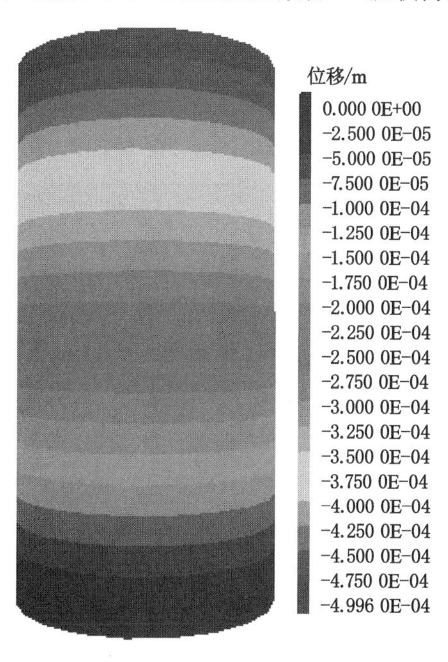

图 4-22 一级载荷作用下位移云图

监测点的轴向位移曲线与试验曲线对比如图 4-23 所示。

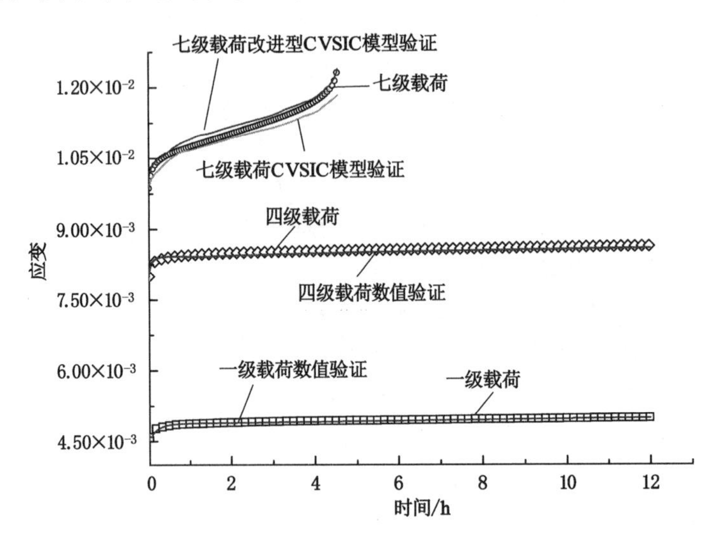

图 4-23　煤体蠕变试验曲线与数值模拟曲线对比

由图 4-23 可见，数值模拟结果与试验结果吻合程度较好。其中，因一、四级载荷小于屈服破坏应力，试样处于改进型 CVISC 模型退化的伯格斯模型流变状态，试验结果与模拟结果高度一致，体现了煤体的衰减蠕变和等速蠕变两个阶段状态。在载荷水平超过煤体屈服破坏应力即达七级载荷水平时，进行了传统 CVISC 模型模拟和改进型 CVISC 模型模拟。模拟结果显示，CVISC 模型虽然可以模拟蠕变加速阶段，但难以模拟短时间内的煤体大变形，模拟结果的应变一般小于实际试验状态时的。而经过改进的 CVISC 模型较好地再现了煤体的减速、等速及加速蠕变状态，模拟情况良好，在等速蠕变阶段应变稍大于实测值，这是加载过程中部分单元进入塑性状态，改进模型中的黏性元件 V 此时产生变形所致。但该模型整体上在加速阶段可以较好地吻合试验结果。综上所述，改进型 CVISC 模型可以较好地描述松散煤体在单轴压缩条件下的各种蠕变行为，所辨识的流变参数和输入的煤体力学参数可以较好地再现煤体蠕变试验曲线，所开发的修正模型是适用的。

5 深部巷道松散煤体流变参数反演分析

工程实践表明,在地下采矿工程领域,巷道的变形、煤柱的渐变失稳、上覆岩层的下沉等都与时间息息相关,岩体存在随时间的延长而缓慢变形的时间效应,这反映了大尺度的流变现象。深部松散煤体巷道,随着时间的推移围岩应力不断进行调整,极易产生挤压流变从而失稳破坏。因此,要维护巷道的长期稳定和安全,必须考虑工程岩体的流变特性。现阶段分析岩体流变的主要手段为数值模拟,因具有低成本、高效率、较高可靠度特点,已得到广泛的应用。流变数值模型的关键在于流变参数输入和本构模型的选取。部分学者先通过现场试验得到流变参数,后进行模拟验证,但现场试验费用高、周期长、结果干扰因素多,该方法应用受到制约。同时,由于煤岩体流变参数受尺寸效应影响,由实验室得到的流变参数不可以直接输入大尺寸的数值模型中。但室内蠕变试验,可以较好地反映岩体的流变特征,可指导工程流变模型选取。

现今大部分学者采用工程类比、试算等偏经验性的方法进行工程流变模拟参数选取,此类方法在准确性方面存在不足和欠缺。相比而言,由现场监测的流变位移反分析得到流变计算参数是可行且较为有效的方法。它是以现场位移量测为基础的,通过反演获得流变参数,避免了仅进行室内试验的尺度效应影响,又减小了现场大尺度原位试验所得参数的偏差。采用人工智能方法反演流变参数可以发挥其强大的非线性处理能力、良好的学习和自我联想能力、高精度预测和优化处理能力的优势,结合数值模拟模型,可以很好地推演和计算高度复杂的天然工程岩体的流变参数。

本章基于已得到的适合松散煤体的流变模型,通过现场监测巷道位移建立相应的巷道数值模型,利用已经构建的 BAS-ESVM 模型反演最优煤体流变参数,再由这些参数正向计算位移并与实测位移对比,以验证该方法和思路的正确性,进而揭示松散煤体巷道在流变过程中的位移、应力、围岩塑性区等方面的演化机理。

5.1 典型松散煤巷流变工程案例

5.1.1 工程地质概况

该松散煤体巷道工程为涡北矿 8204 工作面机巷,即实验室构建等效松散煤体所取的原煤所在地。具体地,8204 工作面位于北二采区中部,东邻 8203 工作面机巷(8203 工作面已经回采完毕),北至 $F_{11\text{-}17}$ 断层,西邻 8205 工作面,走向长度为 1 506 m。8204 工作面标高为 −629～−663.6 m;地面相对平坦,标高为 30.2～31.1 m。

8204 工作面煤层松散破碎,主采 8_1 与 8_2 煤,均呈粉末-碎块状。8_1、8_2 煤之间的夹矸为灰色至深灰色块状泥岩、粉砂岩,含植物化石,厚度为 0.8～3.5 m,平均 1.1 m。煤层与夹矸总体呈从外向里逐渐变薄的趋势。8204 工作面的基本顶以粉砂岩和中砂岩为主,直接顶以泥岩、粉砂岩为主，直接底主要为泥岩，老底主要为泥岩和细砂岩。8204 工作面岩性柱状示意如图 5-1 所示。

岩性	平均厚度/m
粉砂岩-中砂岩	22.90
泥岩-粉砂岩	2.69
8_1煤	3.36
泥岩-粉砂岩	1.10
8_2煤	2.54
泥岩	1.60
泥岩-细砂岩	7.90

图 5-1　8204 工作面岩性柱状示意

5.1.2　巷道现有支护及变形监测设置

8204 工作面机巷沿现有 8 煤底板掘进，巷道直接顶为顶煤，松软破碎，底板为泥岩，强度较高，整体性较好。巷道断面形状为拱形，规格为净宽×净高=5 600 mm×3 800 mm，现有支护方式为传统的 U 型棚支护，排距为 800 mm，配合喷浆补强，喷浆厚度为 100 mm，支护断面如图 5-2 所示。

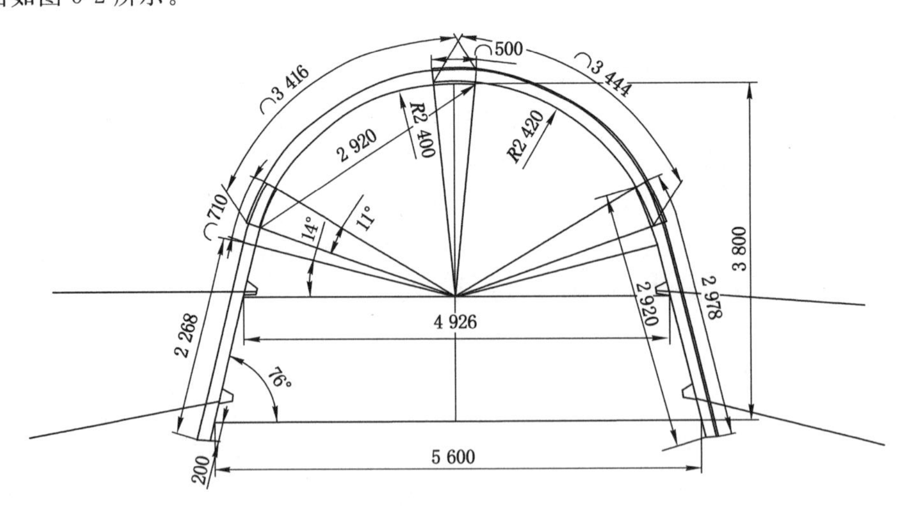

图 5-2　8204 工作面机巷支护断面

现场对围岩位移进行长时间监测，巷道断面上的监测点分别布置于顶板、底板中心及两帮中部。设置多个测站，持续监测巷道围岩变形。选取距离巷道开口位置 100 m，150 m 及

200 m 的测站分别大约 300 d 的监测数据，并进行整合分析。测站布置如图 5-3 所示。

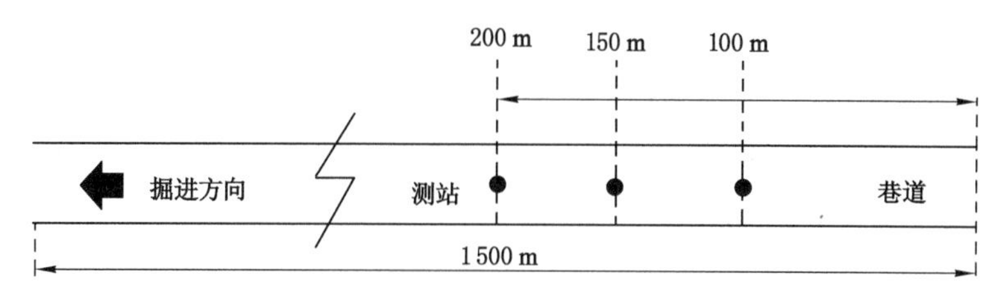

图 5-3　测站布置位置

巷道由于存在顶板下沉和两帮严重内挤情况，常常需要扩刷修复，因此其监测数据存在不小的波动。根据变形规律，先剔除各测站内的异常监测数据。进一步地，虽然各个位移测站处于同一条巷道内，但是考虑巷道围岩赋存状态的离散性及测站布置的局部性，将 3 个测站的各测点完善的数据进行取平均处理，这样可以较为客观地揭示巷道的变形特征。

5.1.3　现场监测结果及分析

现场实测的巷道顶底板及两帮的收敛曲线如图 5-4 所示。

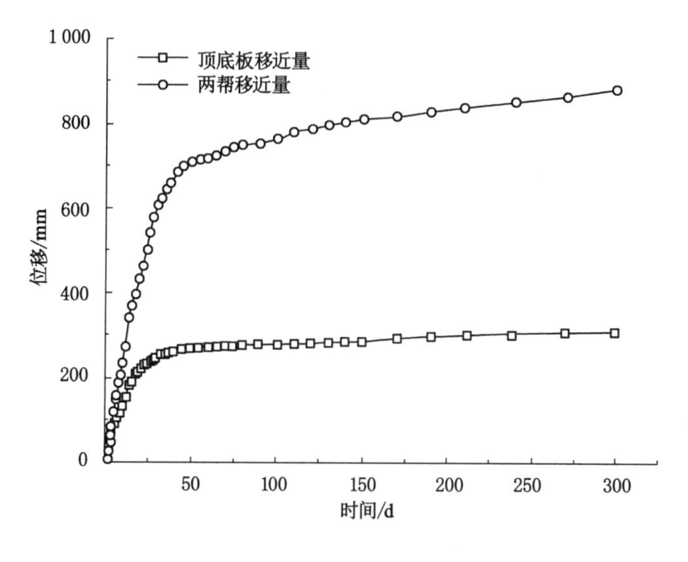

图 5-4　巷道收敛曲线

由图 5-4 可知，该巷道的变形具有明显的时效特性即围岩具有流变性质。随着时间的延长，巷道两帮及顶底板的收敛量逐渐延大。巷道的两帮移近量远大于顶底板移近量，两帮移近量达 881 mm，而顶底板移近量为 310 mm 左右，两帮移近量是顶底板的近 3 倍。在前 30 d，两帮移近量达 605 mm，顶底板移近量达 248 mm，巷道变形超过了总变形的一半，巷道收敛快。在 60 d 左右，巷道基本处于稳定变形阶段，随着时间继续延长，巷道处于长时流变变形状态。综上所述，该巷道的变形存在两阶段流变特性，即前 60 d 左右的减速流变阶段和后期的等速流变阶段。分析认为，这主要是巷道浅表煤体的塑性加速流变和深部煤体的长时流变产生的综合流变效果。

进一步地，根据顶底板及两帮收敛数据得到的收敛变形速率与时间关系曲线如图 5-5 所示。一般地，两帮的变形速率在前 60 d 高于顶底板的变形速率。两帮变形速率最高可达

33 mm/d,顶底板变形速率最高可达 22 mm/d。随着时间的延长,巷道的变形速率逐渐减小,但不为零,只是变形速率较小,依然存在持续变形。根据收敛变形速率可以更明显地将巷道的收敛以 60 d 为界分为两个阶段,即上面讨论的减速及等速流变阶段。

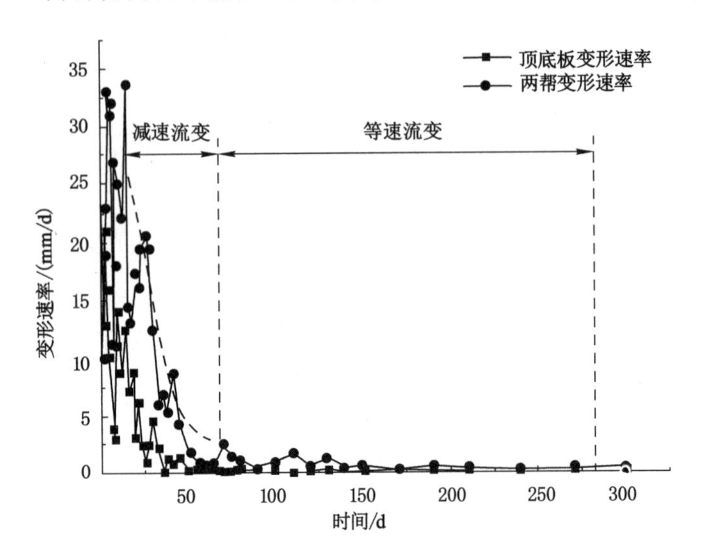

图 5-5 巷道收敛变形速率与时间关系曲线

综合巷道收敛监测分析结果,结合现场的围岩及支护破坏情况,该煤巷具有如下破坏特征。

(1) 煤体变形速率大,流变时间长,变形量大

根据监测结果,巷道掘进后 7 d 内,围岩变形速率普遍高于 10 mm/d,甚至达 30 mm/d 以上,前 60 d 巷道基本一直处于剧烈变形阶段。流变现象持续存在,顶底板在 60 d 左右变形速率降低明显,而两帮变形速率在 150 d 左右才较小,两者的变形量一直在增加。因两帮内挤严重,影响巷道正常使用,部分巷段帮部需要扩刷。在该种支护条件下,巷道两帮移近量超过 800 mm,需要多次返修。顶板变形整体处于可控状态,巷道底鼓不明显。

(2) 支护系统普遍遭到破坏

受巷道大变形、长时间流变影响,普通的支护难以承受较大的变形压力,往往在较短的时间内就发生弯折破坏,从而进一步恶化了围岩应力环境,加速了巷道的变形和整体失稳。

虽然该类软煤巷道大变形及支护破坏的影响因素众多,但较低的煤体强度是诱发巷道流变及失稳的主因。该类松软破碎的煤体在本质上决定了其承载能力低下,难以承受巷道开挖后重新分布的应力,且应力在向深部逐渐转移过程中使煤体破坏范围进一步扩大。破坏后的煤体发生较大的塑性流动变形,同时深部的煤体可以在较低应力条件下发生流变变形,更不利的是,巷道的大埋深决定了其高应力赋存状态,因此,巷道周围煤体将长时间处于流变状态。巷道变形持续增大,传统的棚式被动支护或者锚杆主动支护都难以承受如此大的变形载荷,这些支护结构都相继破坏,进一步恶化了围岩应力环境。在流变变形与围岩塑性破坏剪胀变形共同作用下,巷道破坏,难以满足正常使用,不得已而多次返修。

相比而言,因该巷道沿底板掘进,底板泥岩在不受水的影响下强度及完整性较好,虽然也可能发生破坏但其残余强度仍然较高。巷道底板在没有进行特殊的加固如底拱施工等前提下,底鼓并不明显,这也进一步说明了巷道在较好的围岩条件下变形较小,可以保持相对

稳定。对比结果阐释了松散煤体较差的物理力学性质是该类巷道大变形破坏的关键影响因素。而煤巷的流变变形特征是上述问题的宏观体现，因此，有必要深入揭示巷道流变机制，进而提出针对性控制方法。

5.2　基于BAS-ESVM模型的巷道煤体流变参数反演

大尺度工程下煤体的流变参数确定一直以来较为困难。这是由于现场煤体的赋存状态存在着或多或少的不确定性，诸如随机的地质构造、复杂的构造应力及外界水文环境的影响等。同时，煤体的流变效应不仅受到应力载荷的影响，也受到试验煤体的温度湿度等外界环境的影响，这都导致这小尺寸的室内流变试验得到的流变参数与大尺度的工程应用存在着鸿沟，具体体现着流变的尺寸效应。因此，要将室内蠕变试验得到的参数用于工程模拟分析，应该在参考室内试验得到的流变参数基础上，还必须结合现场地质条件，监测结果反算，类似工程的现场试验成果以及其他类似数值计算的结果，综合考量分析得出适合相应工程的流变参数或者参数所在范围。为加速推动流变参数的工程可用性，提高其精确性及缩短获得流变参数决策时间，本节将利用已建立的BAS-ESVM反演模型，得到巷道煤体流变参数。

5.2.1　巷道煤体流变模型及参数的初步选取

1）巷道煤体流变模型确定

如上节所讨论的，松散煤体巷道的流变大变形是该类巷道遇到的普遍问题。同时由第4章的研究得到，煤体的流变模型及流变参数众多，选择合适的可以描述煤体流变的模型及相关参数至关重要。根据室内流变试验结论，改进型CVISC模型可以较好地体现该类松散煤体在恒定载荷下的多阶段蠕变特性。虽然现场观测结论证实宏观巷道变形具有减速及等速蠕变两阶段蠕变特征，但需要指出的是，现场监测点主要布置于巷道表面，监测的是深部煤体流变及表面煤体塑性剪胀变形的综合变形效果。由于表面变形的瞬时性及深部煤体流变的长时性，实际在完成测站布置及记录数据时，瞬时变形已经发生，所以围岩位移监测结果是流变变形与部分后期围岩表面至深部破坏的塑性变形之和。因此，该类煤体在巷道尺度上仍遵循其典型的蠕变特性，符合改进型CVISC模型所具备的描述松散煤体的蠕变特征。同时，该模型可以模拟塑性破坏变形并体现于总变形中，所以改进型CVISC模型不仅可以获得巷道煤体的蠕变变形，也可以获得煤体的塑性破坏变形，是更符合松散煤体巷道流变大变形特征的一种模型。

2）煤体流变参数选取

描述煤体流变的改进型CVISC模型具有多个黏弹性参数，包括伯格斯模型中的剪切模量参数G_K，G_M和黏滞系数N_K，N_M，以及V-MC模型中的黏滞系数N_V，共5个流变参数。其中，G_K，G_M，N_K，N_M是描述减速及等速流变阶段的参数，可根据现场监测结果、室内流变试验，以及前人的研究成果，确定它们的选取范围。具体选取范围见表5-1。

N_V是处于加速流速阶段才能明显体现的黏滞系数，不同于室内试样流变，现场位移数据不能体现加速流变阶段，这并不是说煤体不存在加速流变阶段，而是部分加速流变与减速流变一起显现。因此，前述提出的试样蠕变加速阶段与传统CVISC模型加速阶段结合计算黏滞参数N_V的方法，难以应用于现场煤体。但是考虑N_V为模拟加速元件的黏滞系数，经过反复试算和模拟推断，当N_V为N_M的1.5倍左右时，模拟加速效果较好，巷道煤体的综合变形更贴近实际，更加符合实际监测结果。N_V具体取值范围如表 5-1 所示。

表 5-1 流变参数选取范围

流变参数	G_K/Pa	G_M/Pa	N_K/(Pa・s)	N_M/(Pa・s)	N_V/(Pa・s)
取值范围	1.0×10^{8}～3.0×10^{8}	5.0×10^{7}～2.5×10^{8}	1.0×10^{18}～5.0×10^{18}	5.0×10^{15}～2.5×10^{16}	1.5×10^{16}～3.75×10^{16}

以上流变参数的选取范围的确定，一方面考虑地质条件的离散性和波动性，另一方面考虑巷道实际监测到的流变位移的波动性，也是根据试算综合考量的结果。

3）岩体弹塑性力学参数测定

巷道布置于煤层中，顶板及两帮均为易流变的煤体。而基本顶为砂岩，直接底为泥岩，老底为砂岩，这类岩石强度较高，完整性较好，虽然在高应力环境下也会产生流变变形，但相对煤层巷道中煤体的蠕变，该类岩石流变变形较小，且在较低的载荷作用下，泥岩和砂岩难以产生蠕变，存在较高的蠕变阈值。相对而言，根据第 4 章的论证，松散煤体在极小的载荷作用下就可以产生蠕变，蠕变阈值远低于周围岩石。现场的监测结果也显示，底板的泥岩产生的流变变形较小，大部分为泥岩破碎时塑性剪胀变形。所以，在同等应力环境下，巷道围岩中煤体的蠕变是研究重点，暂不考虑较为坚硬的岩石的蠕变，视其具有塑性破坏瞬时变形。因此，需要测定相关岩石的力学强度参数，以便进行数值计算。

实验室尺度的岩石或者岩块的力学强度往往难以直接等价于现场大尺度的围岩强度。这是由于现场赋存的岩体中不仅存在高度复杂的节理裂隙，也受地下水文等地质环境因素影响，而实验室所用的岩石试块往往不包含或者包含极少的明显节理或者不连续面等。因此，宏观上巷道尺度的围岩体现尺度效应。模型中所包含的岩石力学参数如内聚力、内摩擦角等都需要一定程度的“折算”。这种由岩石转换为岩体的方法至今已经建立很多，其中霍克(Hoek)建立的地质强度指标法得到了广泛认可和应用。地质强度指标(GSI)法是现阶段能够直接且唯一服务工程岩体力学参数折减的岩体质量评价方法，其中 GSI 值取决于岩体结构及结构面两个因素，一般凭图表法量化 GSI 值，但主观性强。岩体综合指标分级方法(RMR)考虑了影响岩体强度的多方面因素，如岩石单轴抗压强度、RQD、节理间距、地下水文等，是一种具有量化程度高、适应性和应用性较强的岩体质量评价方法，在几十年的应用过程中积累了丰富的实践经验并得到了长足发展。部分学着建立了 RMR 值向 GSI 值转换的关系，如式(5-1)所示。这种方法避免了 GSI 值计算中的主观和目测的缺点，得到了学者们的认可。采用 RMR 值量化评价岩体质量，转换为 GSI 值，然后根据霍克建立的基于 GSI 的岩体力学参数计算公式，得到相应的岩体的变形模量、内聚力、内摩擦角等参数。

$$\mathrm{GSI}=\mathrm{RMR}-5 \tag{5-1}$$

通用霍克-布朗准则如下：

$$\sigma_1=\sigma_3+\sigma_{ci}\left(m_b\frac{\sigma_3}{\sigma_{ci}}+s\right)^a \tag{5-2}$$

式中，m_b，s 和 a 为岩体常数，可以由式(5-3)至式(5-5)计算：

$$m_b=m_i\times10^{\left(\frac{\mathrm{GSI}-100}{28-14D}\right)} \tag{5-3}$$

$$s=10^{\left(\frac{\mathrm{GSI}-100}{9-3D}\right)} \tag{5-4}$$

$$a = \frac{1}{2} + \frac{1}{6}(e^{-\frac{GSI}{15}} - e^{-\frac{20}{3}}) \tag{5-5}$$

在式(5-2)中，令 σ_3 为零，可以计算得到岩体的单轴抗压强度 σ_{cm}；相似地，岩体的抗拉强度 σ_t 可以通过 $\sigma_1 = \sigma_3 = \sigma_t$ 计算得到。

$$\sigma_{cm} = \sigma_{ci} s^a \tag{5-6}$$

$$\sigma_t = \frac{s\sigma_{ci}}{m_b} \tag{5-7}$$

岩体的变形模量通过以下被广泛应用的经验公式计算：

$$E_{mass} = E_i \left\{ 0.02 + \frac{1 - \frac{D}{2}}{1 + e^{[(60+15D-GSI)/11]}} \right\} \tag{5-8}$$

其中 D——扰动系数，可以假定为零。

岩体等效的内聚力 C 和内摩擦角 φ 可以采用莫尔-库仑准则计算：

$$\varphi = \arcsin\left[\frac{6am_b(s + m_b\sigma_{3n})^{a-1}}{2(1+a)(2+a) + 6am_b(s + m_b\sigma_{3n})^{a-1}}\right] \tag{5-9}$$

$$C = \frac{\sigma_{ci}[(1+2a)s + (1-a)m_b\sigma_{3n}](s + m_b\sigma_{3n})^{a-1}}{(1+a)(2+a)\sqrt{1 + [6am_b(s + m_b\sigma_{3n})^{a-1}]/[(1+a)(2+a)]}} \tag{5-10}$$

式中，$\sigma_{3n} = \sigma_{3max}/\sigma_{ci}$。

对于深部煤层巷道而言，σ_{3n} 由深度决定，具体计算公式如下：

$$\frac{\sigma_{3max}}{\sigma_{cm}} = 0.47\left(\frac{\sigma_{cm}}{\gamma H}\right)^{-0.94} \tag{5-11}$$

式中 γ——岩体的重度；

H——埋藏深度。

通过上述公式，结合现场岩体结构及赋存状态，可计算煤岩力学参数，如表 5-2 所示。受现场勘查条件限制，仅统计了顶板砂岩和底板泥岩的相关信息，因处于同一地质状态，其余层位的泥岩及砂岩参数可认为与之类似，并未作进一步统计和计算。另外，需要指出的是，由于现场的煤体节理裂隙高度发育，煤体松散破碎，难以统计得到合理的 RMR 值，难以用式(5-1)计算得到相应的煤体弹塑性力学参数。但根据第 3 章实验室所构建的等效松散煤试样，其在强度及微观孔隙结构上与原始赋存状态的煤体存在高度的等效性。因此认为，实验室尺度的等效煤试样虽然尺度较小，但包含原煤的几乎所有相似信息，如孔隙结构、含水状态、原煤颗粒和等价的强度等，可认为等效于现场工程尺度的煤体。这也是将实验室构建的煤试样称为煤体的原因。鉴于以上分析，煤体参数列于表 5-2。这也将作为改进型 CVISC 模型串联的 MC 体中的煤体弹塑性力学参数。

表 5-2 煤岩力学参数

岩性	力学参数				
	常量 m_i	密度/(kg/m³)	强度 σ_{ci}/ MPa	泊松比 υ	弹性模量 E_i/GPa
砂岩	9	2 690	85.8	0.22	18.6
泥岩	9	2 700	38.5	0.29	3.61
煤	—	1 420	2.5	0.30	0.28

表 5-2(续)

岩性	力学参数					
	RMR	GSI	内聚力 C/ MPa	内摩擦角 φ/(°)	抗拉强度 σ_t/ MPa	变形模量 E_{mass}/ GPa
砂岩	72	67	3.45	42	0.79	12.5
泥岩	40	35	1.24	27	0.03	0.4
煤	—	—	0.77	24	0.18	0.28

5.2.2 参数样本设计

根据已得到的改进型 CVISC 模型中流变参数的选取范围,结合进一步的部分试算,本小节按照正交试验设计方法,对流变参数进行多水平划分。原则上,在一定的参数范围内水平划分越多,得到的结果范围越小、越精确。由于采用的数值模型较大,考虑计算时间等因素,并基于前期的部分试算结果,经综合考虑,每个流变参数划分为 5 个水平,参数水平划分如表 5-3 所示。再按照正交设计表,构造 25 组计算参数组合方案,其中当 N_M确定后,N_V按照其相应倍数确定,具体设计结果如表 5-4 所示。

表 5-3 流变参数水平设置

水平数	改进型 CVISC 模型流变参数				
	G_K/Pa	G_M/Pa	N_K/(Pa·s)	N_M/(Pa·s)	N_V/(Pa·s)
1	1.0×10^{8}	5.0×10^{7}	1.0×10^{18}	5.0×10^{15}	7.5×10^{15}
2	1.5×10^{8}	1.0×10^{8}	2.0×10^{18}	1.0×10^{16}	1.5×10^{16}
3	2.0×10^{8}	1.5×10^{8}	3.0×10^{18}	1.5×10^{16}	2.25×10^{16}
4	2.5×10^{8}	2.0×10^{8}	4.0×10^{18}	2.0×10^{16}	3.0×10^{16}
5	3.0×10^{8}	2.5×10^{8}	5.0×10^{18}	2.5×10^{16}	3.75×10^{16}

表 5-4 基于正交设计原理获得的流变参数计算方案

方案号	流变参数				
	G_K/Pa	G_M/Pa	N_K/(Pa·s)	N_M/(Pa·s)	N_V/(Pa·s)
1	1.0×10^{8}	5.0×10^{7}	1.0×10^{18}	5.0×10^{15}	7.5×10^{15}
2	1.0×10^{8}	1.0×10^{8}	2.0×10^{18}	1.0×10^{16}	1.5×10^{16}
3	1.0×10^{8}	1.5×10^{8}	3.0×10^{18}	1.5×10^{16}	2.25×10^{16}
4	1.0×10^{8}	2.0×10^{8}	4.0×10^{18}	2.0×10^{16}	3.0×10^{16}
5	1.0×10^{8}	2.5×10^{8}	5.0×10^{18}	2.5×10^{16}	3.75×10^{16}
6	1.5×10^{8}	5.0×10^{7}	2.0×10^{18}	1.5×10^{16}	2.25×10^{16}
7	1.5×10^{8}	1.0×10^{8}	3.0×10^{18}	2.0×10^{16}	3.0×10^{16}
8	1.5×10^{8}	1.5×10^{8}	4.0×10^{18}	2.5×10^{16}	3.75×10^{16}
9	1.5×10^{8}	2.0×10^{8}	5.0×10^{18}	5.0×10^{15}	7.5×10^{15}
10	1.5×10^{8}	2.5×10^{8}	1.0×10^{18}	1.0×10^{16}	1.5×10^{16}
11	2.0×10^{8}	5.0×10^{7}	2.0×10^{18}	2.5×10^{16}	3.75×10^{16}

表 5-4(续)

方案号	流变参数				
	G_K/Pa	G_M/Pa	N_K/(Pa·s)	N_M/(Pa·s)	N_V/(Pa·s)
12	2.0×10^{8}	1.0×10^{8}	3.0×10^{18}	5.0×10^{15}	7.5×10^{15}
13	2.0×10^{8}	1.5×10^{8}	4.0×10^{18}	1.0×10^{16}	1.5×10^{16}
14	2.0×10^{8}	2.0×10^{8}	1.0×10^{18}	1.5×10^{16}	2.25×10^{16}
15	2.0×10^{8}	2.5×10^{8}	5.0×10^{18}	2.0×10^{16}	3.0×10^{16}
16	2.5×10^{8}	5.0×10^{7}	4.0×10^{18}	1.0×10^{16}	1.5×10^{16}
17	2.5×10^{8}	1.0×10^{8}	5.0×10^{18}	1.5×10^{16}	2.25×10^{16}
18	2.5×10^{8}	1.5×10^{8}	1.0×10^{18}	2.0×10^{16}	3.0×10^{16}
19	2.5×10^{8}	2.0×10^{8}	2.0×10^{18}	2.5×10^{16}	3.75×10^{16}
20	2.5×10^{8}	2.5×10^{8}	3.0×10^{18}	5.0×10^{15}	7.5×10^{15}
21	3.0×10^{8}	5.0×10^{7}	5.0×10^{18}	2.0×10^{16}	3.0×10^{16}
22	3.0×10^{8}	1.0×10^{8}	1.0×10^{18}	2.5×10^{16}	3.75×10^{16}
23	3.0×10^{8}	1.5×10^{8}	2.0×10^{18}	5.0×10^{15}	7.5×10^{15}
24	3.0×10^{8}	2.0×10^{8}	3.0×10^{18}	1.0×10^{16}	1.5×10^{16}
25	3.0×10^{8}	2.5×10^{8}	4.0×10^{18}	1.5×10^{16}	2.25×10^{16}

5.2.3 FLAC3D 数值模型建立

建立数值模型的目的:得到改进型 CVISC 模型下的煤体流变参数对应巷道流变位移。这是参数正算的过程,即将上一小节得到的流变参数组合方案输入数值模型,并通过模型计算得到相应的位移结果。

1) 模型尺寸及边界条件

若按照巷道实际埋深,建模工作量将十分巨大,且巷道开挖尺寸(5.6 m×3.8 m)相对巷道埋深(700 m 左右)来讲显得极小,精度难以满足要求,且计算耗时将非常长。因此,建模在充分考虑巷道的实际赋存状态,巷道开挖对围岩的影响,并保证计算时效及精度的基础上,为减小边界效应影响,在垂直于巷道轴线方向,即 *XOZ* 平面上分别取巷道跨度的约 6 倍作为建模范围(60 m×60 m),沿着巷道轴线方向即 *Y* 方向取 100 m,具体模型如图 5-6 所示。模型下底面固定,左右及前后面取滑动边界,上顶面施加等效埋深的恒定载荷。

2) 模型本构方程及煤岩参数设定

模型的各岩层分布及尺寸按照实际赋存情况建立,岩层的本构方程设为典型的莫尔-库仑准则,相关岩体的力学参数详见表 5-2。模型中煤体本构模型设为前期编制和验证好的改进型 CVISC 模型,相关流变参数和弹塑性力学参数详见流变样本设计方案表 5-4 及表 5-2。

3) 支护设计及监测点布置

实践中,巷道开挖后采用 U 型棚支护及锚杆加固锁腿,然后进行喷浆处理。因此,在模拟过程中用 FLAC 中的 Shell 单元模拟 U 型棚及喷浆的复合支护效果,将 U 型钢的等效弹性模量折算到喷射混凝土上,见式(5-12):

$$E = E_0 + \frac{A_g E_g}{A_c} \tag{5-12}$$

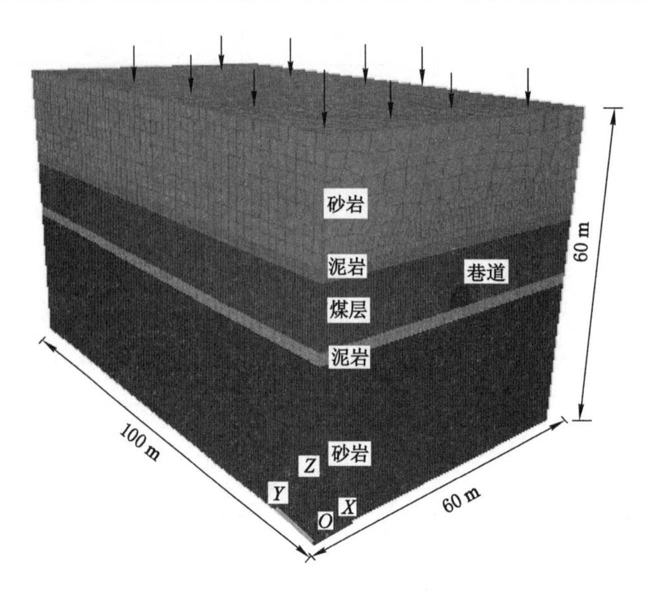

图 5-6　三维数值模型

式中　E——折算后混凝土的弹性模量；

E_0——原混凝土的弹性模量；

A_g——U 型钢的横截面积；

E_g——U 型钢的弹性模量；

A_c——混凝土的横截面积。

采用 Cable 单元模拟实际中的锚杆支护，排距为 800 mm，具体支护形式如图 5-7 所示。模型中支护参数如表 5-5 所示。类似现场监测点布置，分别在模型巷道中对节点位移进行长时记录，测站布置在模型的中部沿 Y 方向 50 m 处，主要是为了避免边界效应对巷道变形的影响。具体测站及监测点位置如图 5-7 所示，图中只显示了两个岩层，即煤层和底板泥岩。

表 5-5　模型中支护参数

参数	锚杆	U 型棚	喷射混凝土
弹性模量/GPa	200	200	30
泊松比	0.3	0.25	0.15
直径(厚度)/mm	22	—	100
重度/(kN/m^3)	—	—	24
长度/mm	2 400	—	—

4）计算步骤

计算步骤简述如下：(1) 施加初始地应力场，并将位移和速率场清零。(2) 模型采用一次性开挖方式，采用 U 型棚(锚杆加固锁腿)及喷浆支护。(3) 进行流变计算，根据现场的观测期限，分别对不同流变参数方案进行 1 d，3 d，7 d，15 d，30 d，60 d，90 d，120 d，150 d，300 d 的流变计算，并记录巷道随时间延长的流变位移变化情况。

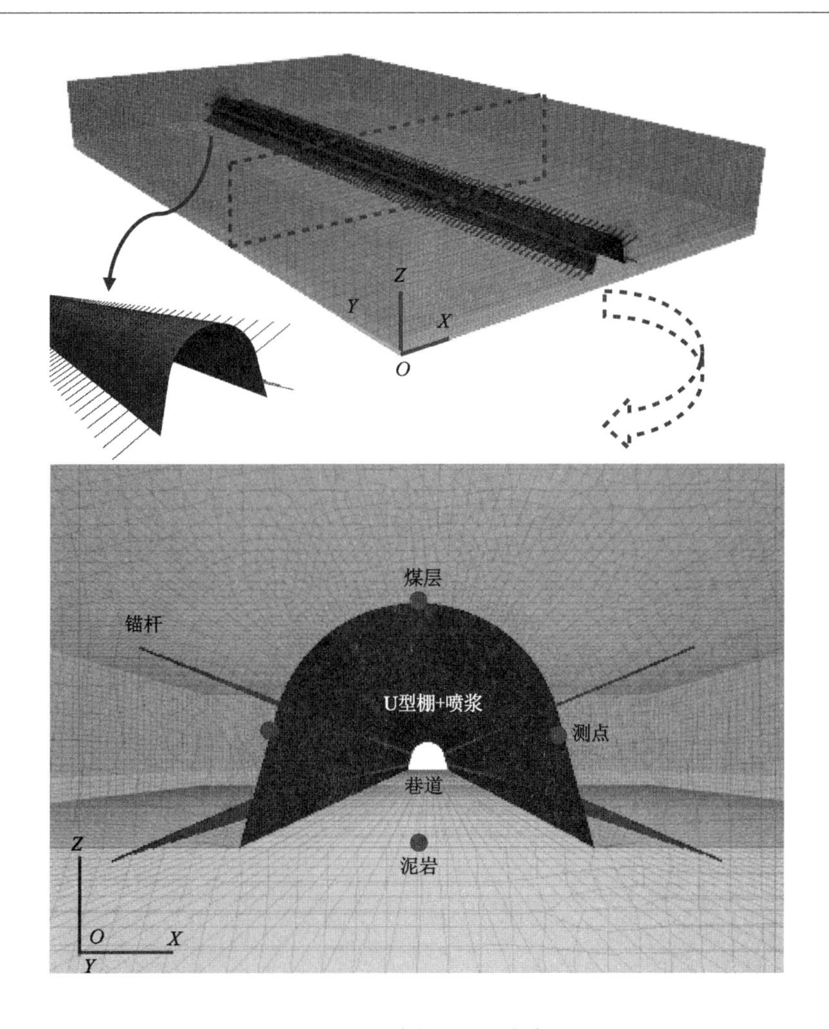

图 5-7　巷道支护及测点布置

5.3　流变参数反演结果分析

5.3.1　反演结构的确定

虽然对巷道顶底板及两帮都进行了位移监测，但由于底板发生塑性破坏，不具流变性质，而两帮的煤体具有流变性，所以本节仅将两帮的收敛数据作为初始样本。将以上每一组流变参数及通过数值计算得到的与时间相对应的两帮移近量作为一组样本，共得到 25 组数据。将以上数据输入建立好的 ESVM 模型。其中，天牛须的初始设置为：最大迭代次数为 500 次，衰减系数 A，B 均设为 0.95；支持向量机初始参数 C，σ 均设置为 15。经过一定量的迭代后，在支持向量机的结构训练中，天牛须调优后的最佳参数如表 5-6 所示。调优迭代结果如图 5-8 所示，均方根误差 RMSE 下降明显，最终为 12.45，这表明天牛须算法对支持向量机有着很明显的优化作用。上述结果表明进化支持向量机(ESVM)对所输入的训练数据拟合精度非常高，ESVM 结构已经较为稳定。此时，再次用 BAS 构建待寻优的流变参数组合，并将其输入如上训练好的 ESVM 模型，构造适应度函数，即输入待优化的流变参数得到的待优化位移与实测位移[通过监测曲线提取的 10 个代表时间点(1 d,3 d,7 d,15 d,30 d,60 d,90 d,120 d,150 d,300 d)对应的位移]误差函数,通过算法迭代,直至适应度最优,也就是监测的位移与计算的位移误差最小,此时的寻优结果就是最佳的流变参数,如表 5-7 所示。以上过程发挥了 SVM 的快速非线性计算能力,同时发挥了 BAS 的效率极高的全局搜索能力。

表 5-6　优化后的参数

参数	经验取值范围	初始值	优化值
C	[0.001,100]	15	1.24
σ	[0.001,100]	15	5.31

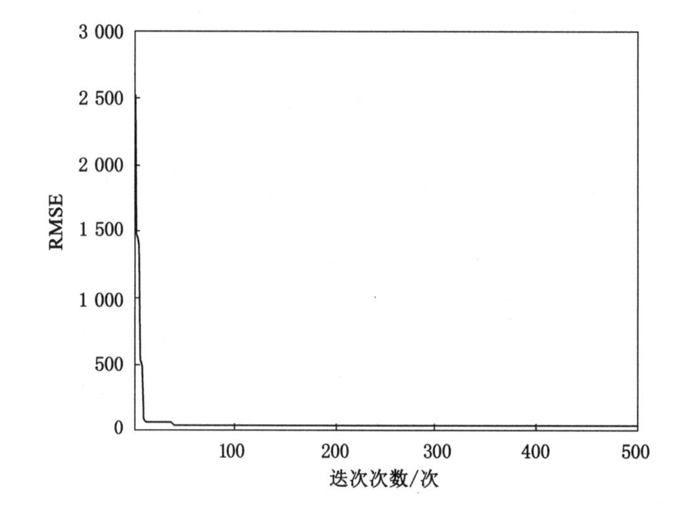

图 5-8　BAS 调优 SVM 的 RMSE 变化结果

表 5-7　反演得到的流变参数

流变参数	G_K/Pa	G_M/Pa	N_K/(Pa·s)	N_M/(Pa·s)	N_V/(Pa·s)
取值范围	1.0×10^{8}～3.0×10^{8}	5.0×10^{7}～2.5×10^{8}	1.0×10^{18}～5.0×10^{18}	5.0×10^{15}～2.5×10^{16}	7.5×10^{15}～3.75×10^{16}
反演结果	2.26×10^{8}	1.32×10^{8}	2.14×10^{18}	1.53×10^{16}	2.28×10^{16}

5.3.2　反演结果及评价

通过以上程序将反演得到的流变参数输入已建立的数值模型,进行反演的流变参数正算,得到的结果与现场监测的位移对比如图 5-9 所示。由图 5-9 可知,反演得到的流变参数、计算得到的位移与现场监测数据吻合程度较好,这证明了方法的有效性和流变参数的正确性。进一步地,根据模型计算监测结果得到两帮流变变形速率曲线,如图 5-10 所示。从图 5-10 中可知,反演得到的变形速率曲线有着明显的两阶段流变现象,即减速及等速流变阶段,该结果与现场监测结论相同。同时该变形速率曲线与图 5-5 所示曲线在趋势和数值上基本相近,从而证明了模拟结果与实测结果吻合较好,间接证明了反演的流变参数的正确性。通过 ESVM(SVM-BAS)学习方法得到的计算值也基本与现场实测数据吻合,说明该模型学习能力较好。

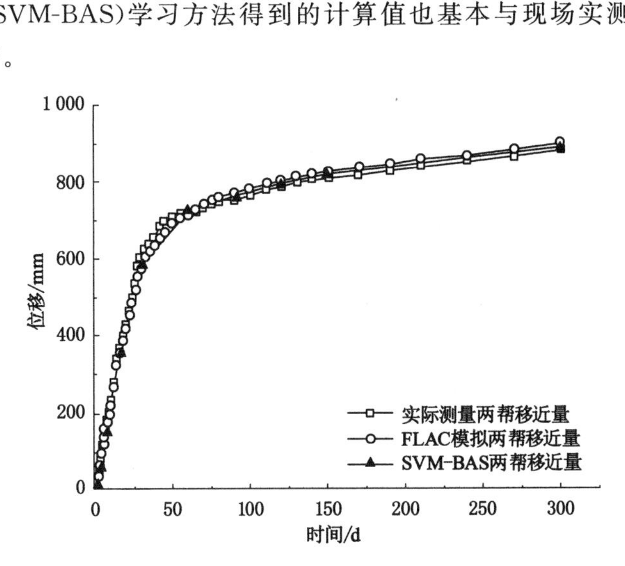

图 5-9 实际、反演及计算的两帮收敛结果对比

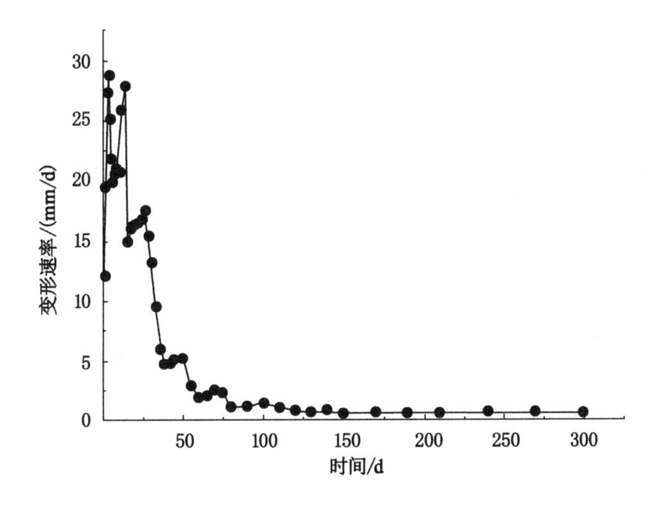

图 5-10 两帮流变变形速率曲线

另外,由于其他岩层的弹塑性力学参数赋值与煤体的流变参数反演同时进行,因此,计算模型的正确性也证明了相关弹塑性力学参数是合适的,它们共同决定了巷道变形规律。因此,通过上述分析可知,该模型及其相关参数可以用于松散煤体巷道数值模型的进一步分析。

6 深部松散煤体巷道流变失稳演化机理

上述章节通过智能算法的反演，得到的适宜松散煤体巷道的流变分析的流变参数为等效参数，这是由于进行巷道监测数据流变分析时，取的是 3 个测站的平均值，并不是单一断面的参数。上述过程和结果很好地反映了巷道的流变规律，与实际相近，考虑工程的复杂性和不确定性，一味强调反演参数精度并不一定能提高整体的精确度，合理适当的差异是可以接受的。因此，本节用该参数和已经建立的模型进一步揭示流变巷道的位移、应力、围岩塑性区等的演化机理。

6.1 巷道围岩变形演化规律

取模型中部的 Y 方向切片为研究对象，对巷道围岩变形进行分析。

6.1.1 水平位移

巷道在水平方向上的位移随时间的变化情况示于云图 6-1(模型中，横向坐标为距巷道底板中心点水平距离，右侧为正值、左侧为负值；纵向坐标为距巷道底板中心点垂直距离，上侧为正值、下侧为负值；下同)。

由图 6-1 可知，巷道在开挖后初始阶段如 1 d 时的变形较小，主要由巷道瞬时变形和巷道表面的塑性破坏变形组成。随着时间的延长，左右两帮变形逐渐增大，主要由煤体的流变变形及塑性流动变形组成。如图 6-1 中的位移等值云图所示，不仅巷道表面变形增大，巷道变形的扩散范围也逐渐增大(如图中箭头所指的扩散范围及方向)。从图 6-1 中可以清晰地看出，由于巷道的帮部内挤，巷道的原有锚杆已经完全脱锚，处于失效状态。巷道帮部的内挤主要集中于巷道的下半部即底角至巷道中部附近。随着时间的延长，巷道收缩现象更为严重。

两帮的位移如图 6-2 所示，并据此得到左右两帮的变形速率。由图 6-2 可知，巷道左右两帮的位移分别达 457 mm 和 463 mm，如此大的变形，巷道必须扩刷修复才能继续使用。根据现场实际，在两帮分别移近 300 mm 左右时就需要采取针对性的措施，当移近 400 mm 时就需要扩刷。现阶段模拟只是为了探讨和显示巷道的变形规律与特征，实际巷道往往在达到大变形前，为不影响使用，已经提前维护，因此现场的位移数据为多次的累积变形。进一步地，两帮的变形速率最大值达 18.5 mm/d，且随着时间的延长，在约 60 d 之后，变形速率逐渐减小至一个定值但不为零，具有两阶段流变特性。

6.1.2 垂直位移

巷道在垂直方向上的位移随时间的变化情况示于云图 6-3。

类似帮部变形，巷道顶板的变形随着时间的延长逐渐增大，且变形的扩散范围也逐渐增大。巷道底板仅在开挖后 1 d 内的变形大于巷道顶板的变形，随后巷道底板变形基本处于

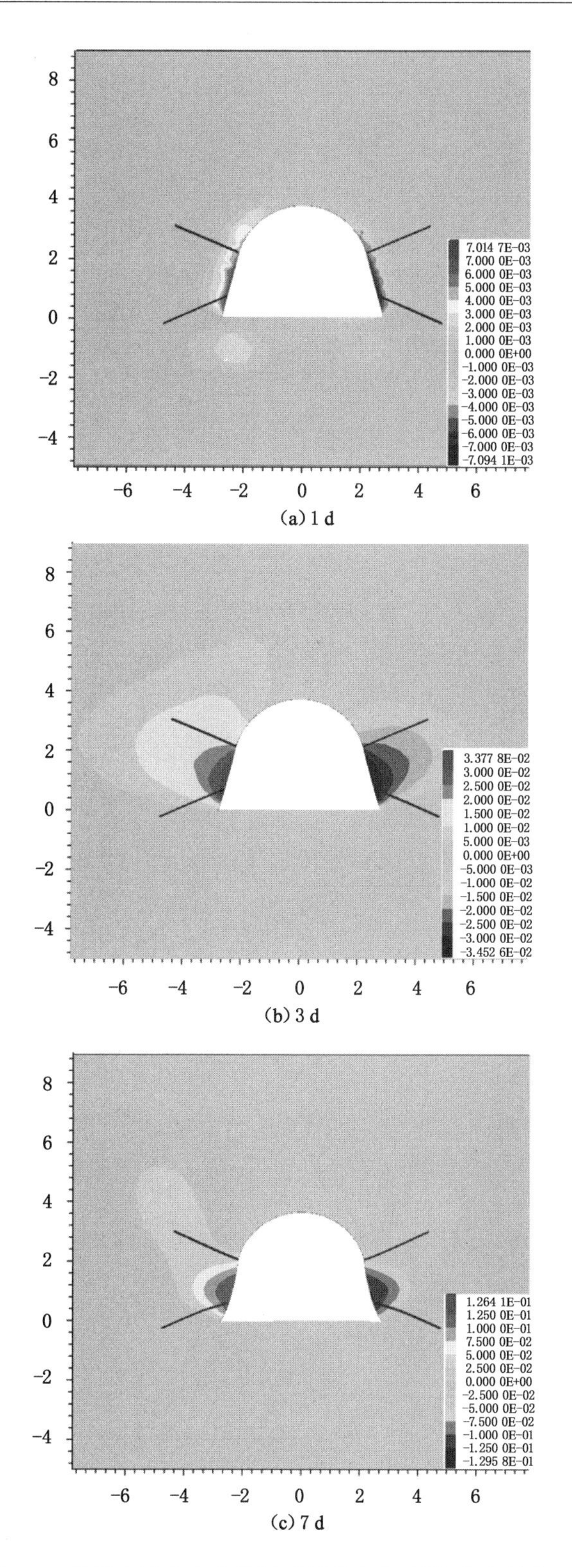

图 6-1 巷道水平方向位移随时间的变化云图(位移单位:m)

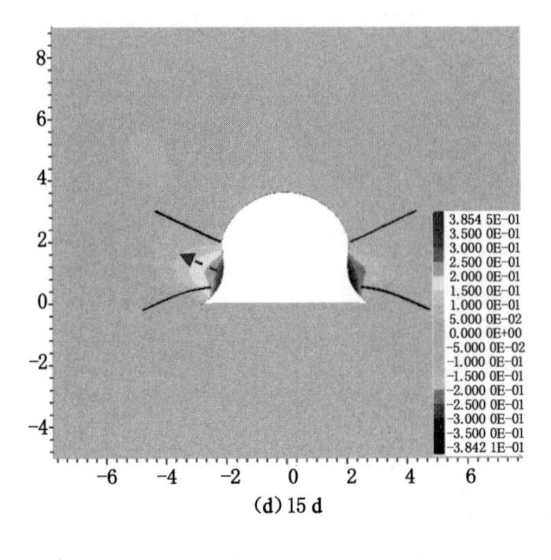

(d) 15 d

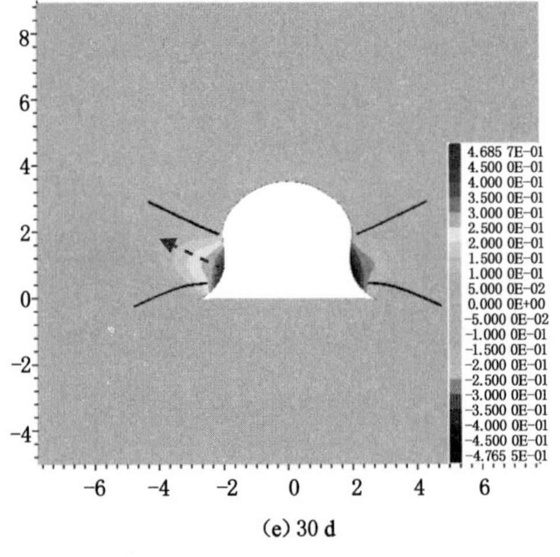

(e) 30 d

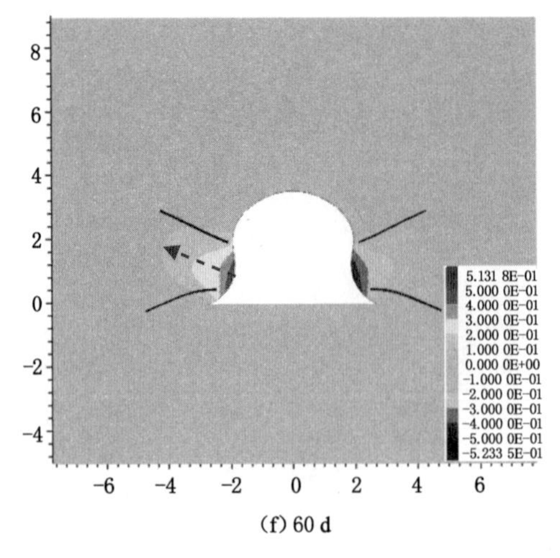

(f) 60 d

图 6-1(续)

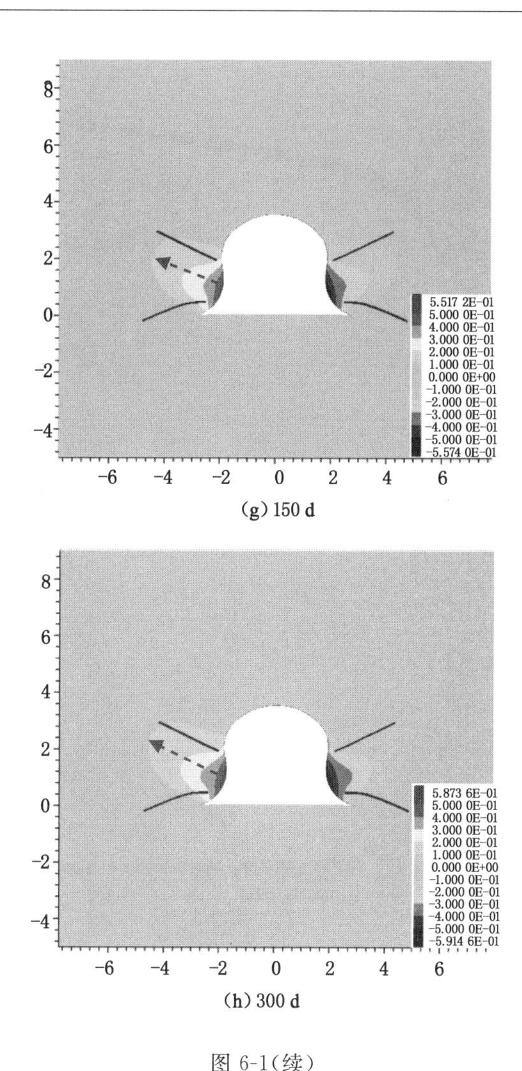

(g) 150 d

(h) 300 d

图 6-1(续)

稳定阶段,后期巷道顶板变形远大于底板变形。分析认为,这是由于巷道底板为泥岩,符合莫尔-库仑塑性瞬时破坏特点,而巷道顶板是具有强流变性的软煤。随着时间的推移,底板发生塑性破坏后变形不再明显,而煤体不仅具有塑性破坏变形还具有长时流变特性,从而造成了顶底板变形随时间延长的差异。由云图可知(如图 6-3 中椭圆形虚线圈所示),巷道帮部至底角的内挤部分同样具有竖向位移,与横向内挤位移组成合位移,方向倾斜向下,且有加速运动趋势,这对巷道的稳定极为不利,须及时扩刷消除。

进一步地,将顶底板位移及变形速率随时间的变化情况示于图 6-4 中,巷道底板的最大位移仅为 30 mm,而顶板的最大位移达 260 mm,远大于底板位移。图 6-4 中对比显示出顶板的流变变形性质,且具有明显的两阶段特性,即减速和等速流变阶段。而由底板变形速率图可知,底板在前期(1 d)最大变形速率达 42.5 mm/d,大于顶板的变形速率最大值 20 mm/d。随着时间的延长,底板变形速率瞬间降低至零,这表明底板塑性破坏后,后期基本没有变形的增加。而相对地,顶板变形速率经历了较为缓慢的降低阶段再至一个恒定值且该值大于零,这说明巷道顶板一直存在流变变形。

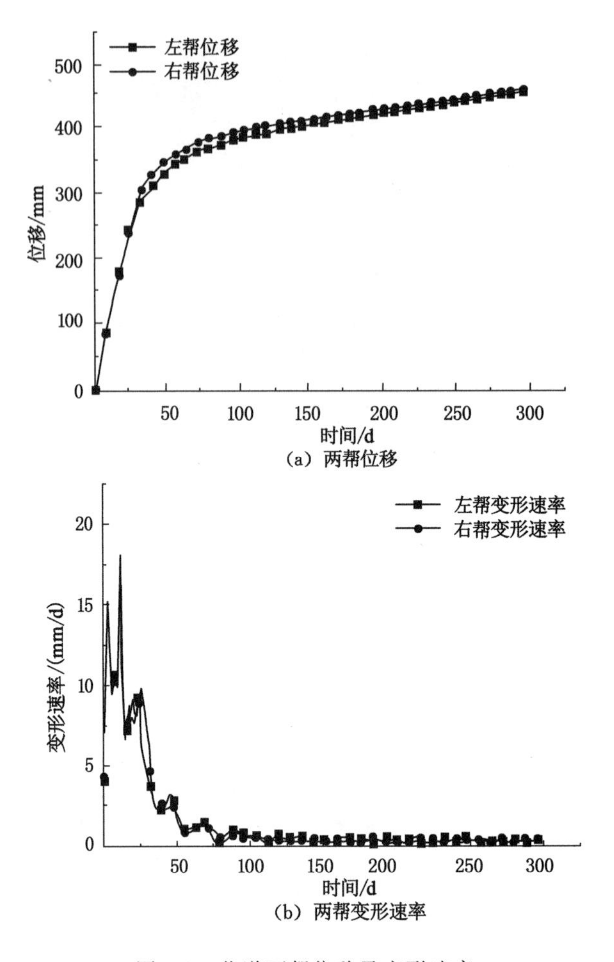

(a) 两帮位移

(b) 两帮变形速率

图 6-2 巷道两帮位移及变形速率

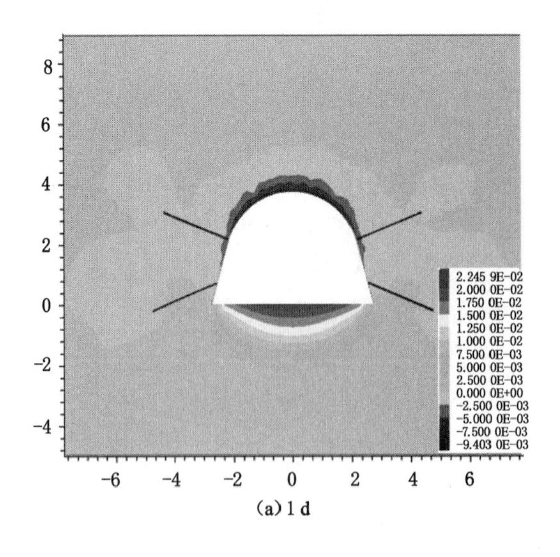

(a) 1 d

图 6-3 巷道垂直方向位移随时间的变化云图(位移单位:m)

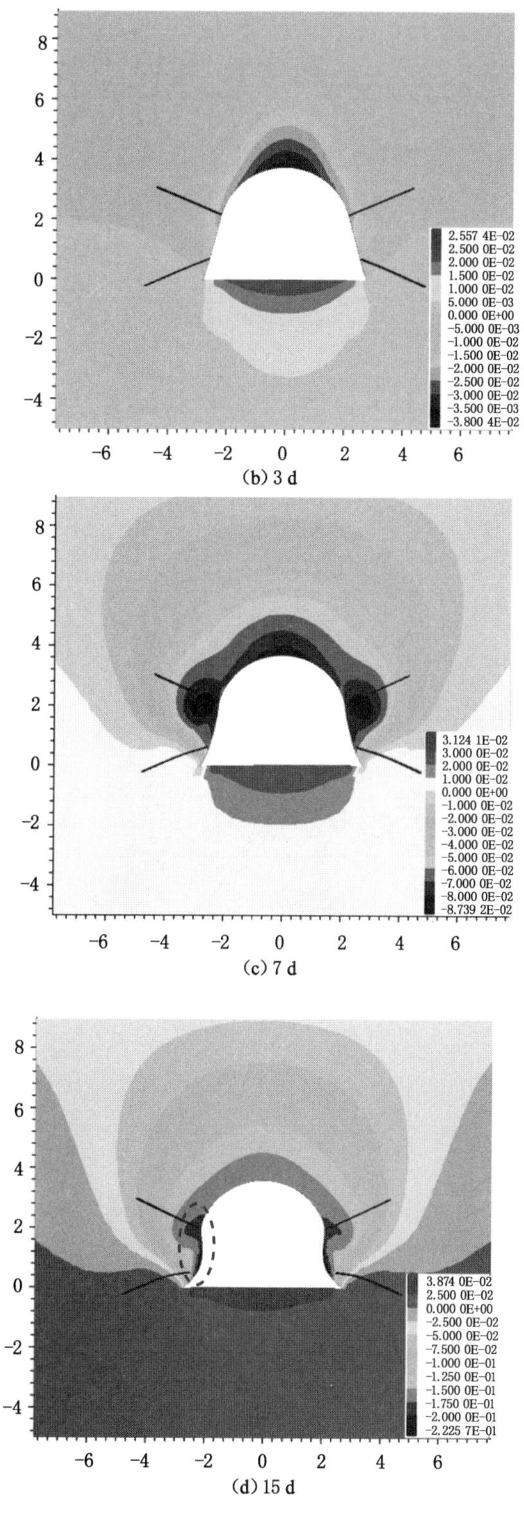

(b) 3 d

(c) 7 d

(d) 15 d

图 6-3(续)

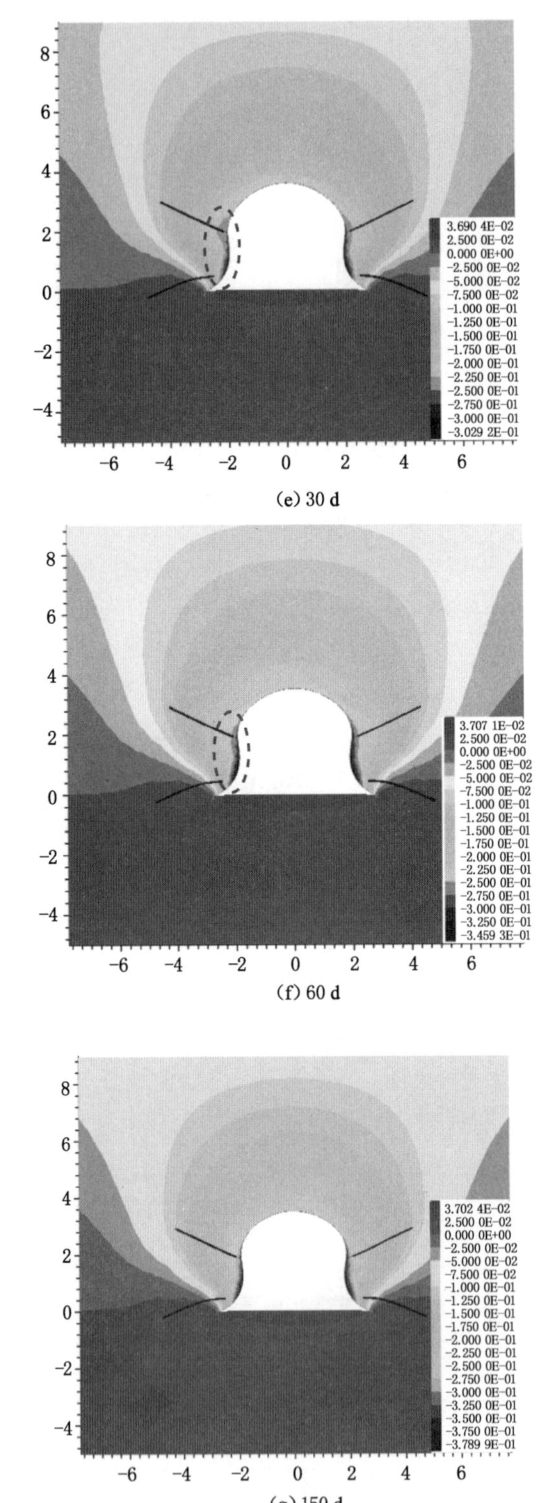

(e) 30 d

(f) 60 d

(g) 150 d

图 6-3(续)

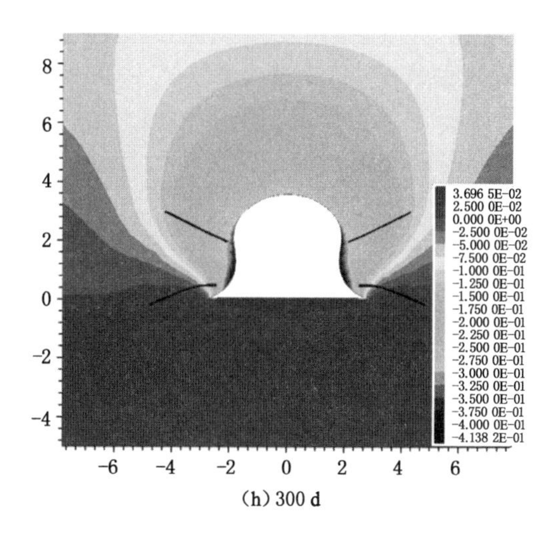

(h) 300 d

图 6-3(续)

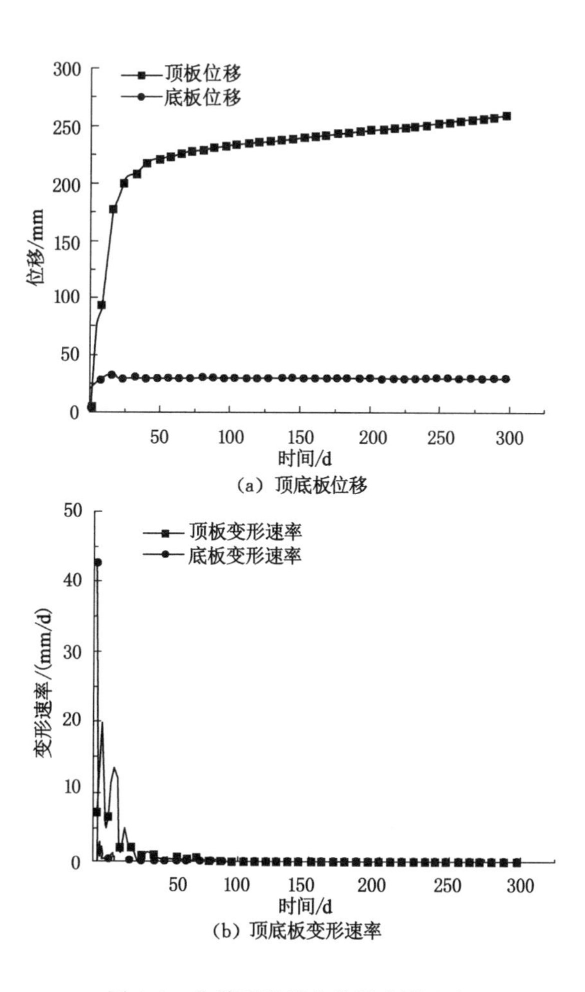

(a) 顶底板位移

(b) 顶底板变形速率

图 6-4　巷道顶底板位移及变形速率

综上所述，结合水平和垂直位移云图及相关位移和变形速率监测曲线得出，巷道在掘出后的前 60 d 左右流变现象突出，随后进入缓慢流变阶段，受流变影响，巷道总变形量极大。这直观地显示该种支护方式对于具有强流变性质的围岩变形控制效果不佳。流变导致的巷道大变形与巷道围岩的应力状态息息相关，因此下节将对围岩的应力演化规律进行分析。

6.2 巷道围岩应力分布演化规律

6.2.1 最大主应力

将巷道围岩的最大主应力随时间的变化情况示于云图 6-5。虽然围岩在垂直方向上的应力与最大主应力较为接近，但考虑巷道开挖后围岩受应力重新分布影响，主应力会发生偏转，而不是初始平衡后的垂直状态，因此采用最大主应力来评价巷道开挖后的围岩应力状态更为科学准确。

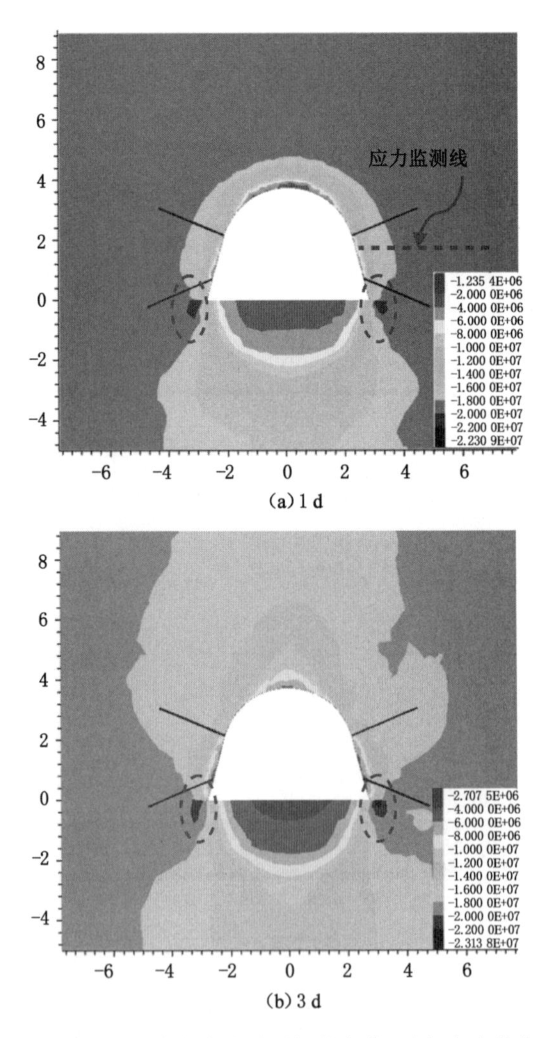

图 6-5 巷道围岩最大主应力随时间的变化云图(应力单位：Pa)

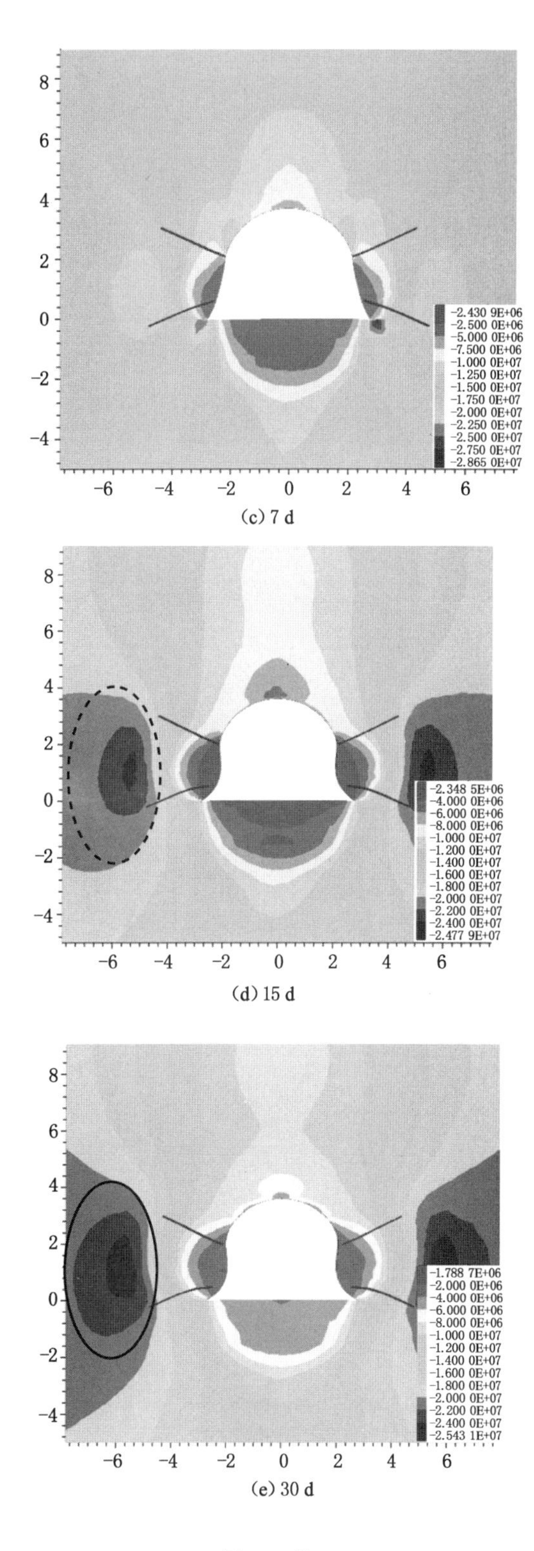

(c) 7 d

(d) 15 d

(e) 30 d

图 6-5(续)

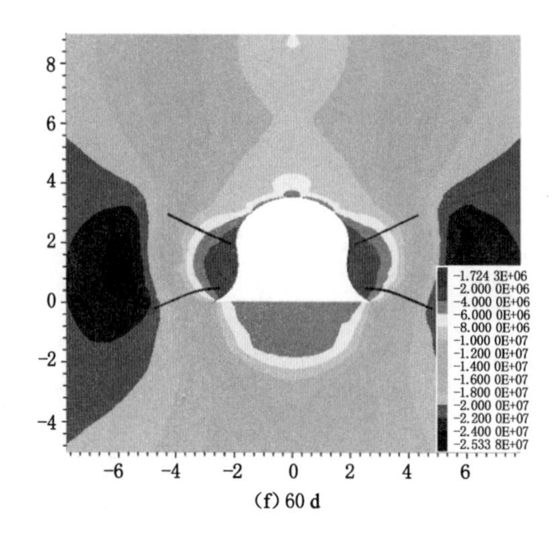

(f) 60 d

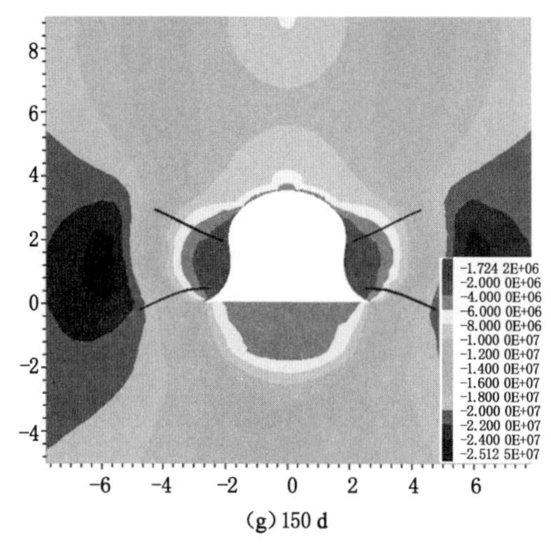

(g) 150 d

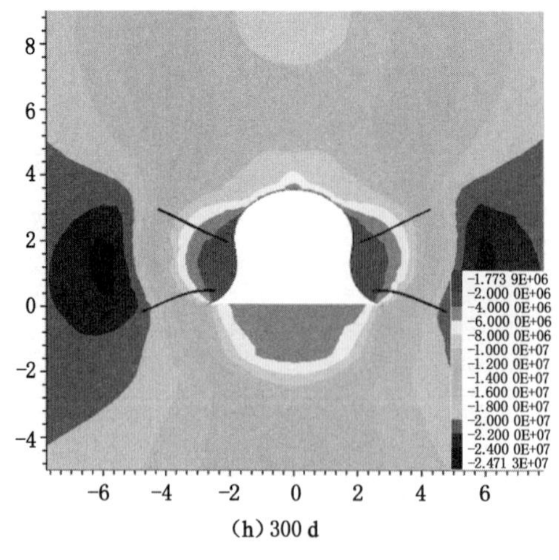

(h) 300 d

图 6-5(续)

由图 6-5 可知，巷道在开挖后存在较大卸压区，相对水平原岩应力(约 19 MPa)，在开挖 1 d后，巷道表面附近的应力远低于此，即卸压区。其中，底板由于没有支护，卸压区范围较大，而随着时间的延长，处于底板的卸压区范围变化不大，这主要是由于底板在巷道开挖后初始阶段已经破坏较为完全，应力完全释放。注意到，此时巷道的两侧底角附近有较大的应力集中区域[如图 6-5(a)和图 6-5(b)中的椭圆形虚线圈所示]，这是巷道 U 型棚刚性支护对周围应力的承接并转移作用形成的。但随着时间的延长及巷道帮部变形的增大，该区域不仅在应力数值上逐渐减小，在范围上也逐渐减小甚至消失，取而代之的是较大范围的底角卸压区。通常情况下，随着时间的推移，顶板及两帮的卸压区逐渐增大，与此同时在巷道两帮深部逐渐形成应力较大的应力集中区[如图 6-5 中的椭圆形实线圈所示]，且该区域应力集中程度及范围随着时间的延长而逐渐变化。进一步地，在巷道中部布置一条横向的应力监测线，得到帮部最大主应力随时间延长的变化规律，显示于图 6-6。

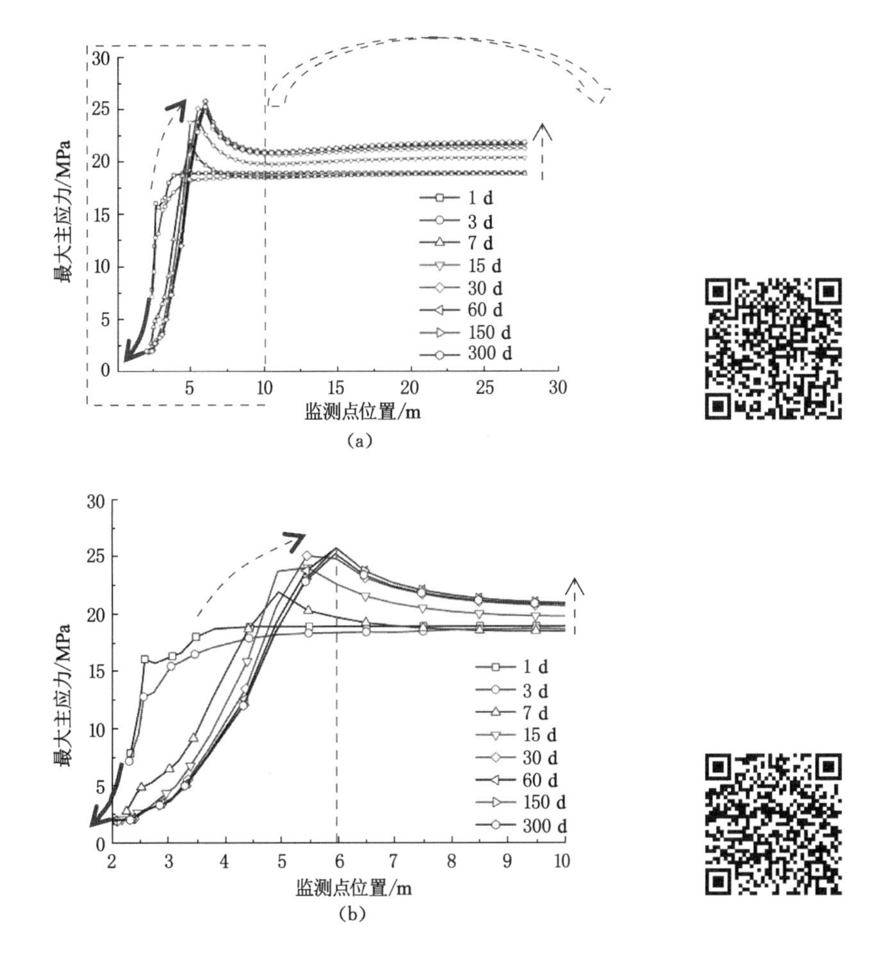

图 6-6 监测线上最大主应力随时间变化曲线

如图 6-6 所示，随着时间的延长，受帮部逐渐内挤影响，表面监测点的位置逐渐向横向坐标轴原点靠近，同时应力降低明显(如图中的绿色实线箭头所示)。随着时间的延长，巷道的峰值应力逐渐增大，且向深部逐渐转移（如图中的蓝色虚线箭头所示）。巷道在开挖 3 d 内，并没有发生明显的应力集中现象，仅在表面附近形成应力释放区，在较浅的区域（近表面）就达到了原岩应力状态，这间接说明此时流变特征显现不明显。随后，巷道流变特性显现明显。将峰值应力与原岩应力比值定义为应力集中系数，如表 6-1 所示。由表 6-1 可知，3 d 内并无明显的应力集中，随后煤体的最大主应力才逐渐增高，60 d 后，煤体内峰值应力处在距巷道表面 4.0 m 位置，峰值应力为原岩应力的 1.36 倍。如图 6-6 中的黑色箭头显示，巷道深部的应力总体上随着时间的延长逐渐升高，而前 7 d 内的流变对巷道深部应力状态影响极小，可认为仍为原岩应力状态，后期的深部煤体内应力的时间效应才逐渐显现。

表 6-1 最大主应力应力集中系数

时间/d	1	3	7	15	30	60	150	300
峰值应力处距巷道表面距离/m	2.3	3.0	3.1	3.3	3.6	4.0	4.0	4.0
应力集中系数	1.00	1.00	1.16	1.27	1.33	1.36	1.36	1.34

6.2.2 最小主应力

将巷道围岩的最小主应力随时间的变化情况示于云图 6-7。由图 6-7 可知，与最大主应力分布类似，开挖初期，巷道周围也存在明显的最小主应力降低区。根据前期即 1 d 内的巷道围岩最小主应力云图，巷道底板存在明显的拉应力区（拉正压负），随着时间的延长，该拉应力区范围有微小的增大，但是不明显。这主要由于当拉应力积聚时，受岩石抗压不抗拉特性影响，底板破坏迅速，但是破坏范围有限，拉应力区的进一步发育受到限制。但随着时间的延长，底板的应力降低区范围不断增长扩大。同时注意到，巷道开挖初期在两侧底角附近同样存在较大的应力集中区域[如图 6-7(b)和图 6-7(c)中的椭圆形虚线圈所示]，产生原因也是受支护影响，演化规律与最大主应力在底角变化规律类似。与之类似的是巷道顶板的拉应力区分布演化特征，但受到支护作用，开挖后巷道顶板存在较小范围的拉应力区，且随着时间的延长该区域增长并不明显，而应力释放区范围逐渐扩大。与底板拉应力的显现特征不相同的是巷道两帮拉应力区演化情况，具体如下：随着时间的推移，巷道两帮的拉应力区不断增大[如图 6-7(d)和图 6-7(e)中的小椭圆形虚线圈所示]，导致一部分煤体受拉而破坏，一部分煤体虽然没有破坏但是存在较大的破坏风险。具体地，巷道开挖后前 3 d 拉应力区增大不明显，随后拉应力区范围逐渐增大；与此同时，两帮的卸压区范围逐渐扩大，并在深部形成了最小主应力集中区[如图 6-7(d)和图 6-7(e)中的大椭圆形虚线圈所示]。

综上所述，根据巷道围岩的最大最小主应力云图及相关曲线，巷道围岩应力的演化过程存在明显的时间效应，一般随着时间的推移，巷道围岩应力状态逐渐恶化，具体体现在最大主应力向深部转移，巷道表面拉应力区范围变大。巷道围岩应力状态在前 60 d 左右处于急速调整阶段，后期调整趋势逐渐趋缓。该种支护方式对于具有强流变性质围岩的应力控制及优化是失效的。

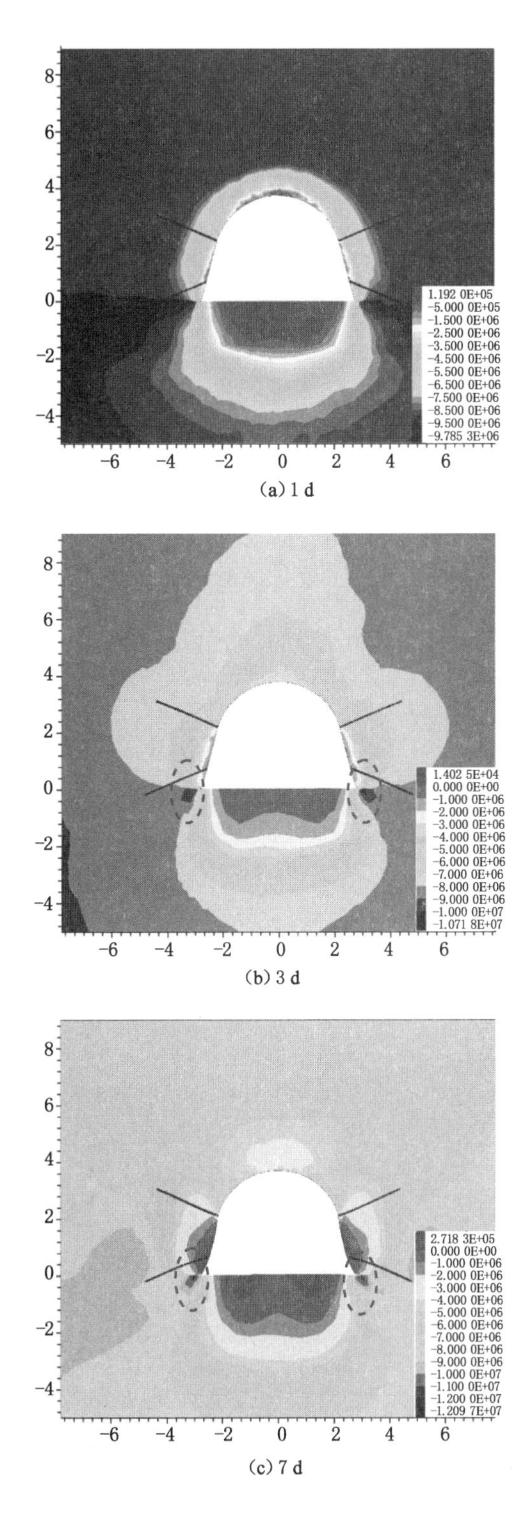

图 6-7 巷道围岩最小主应力随时间的变化云图(应力单位:Pa)

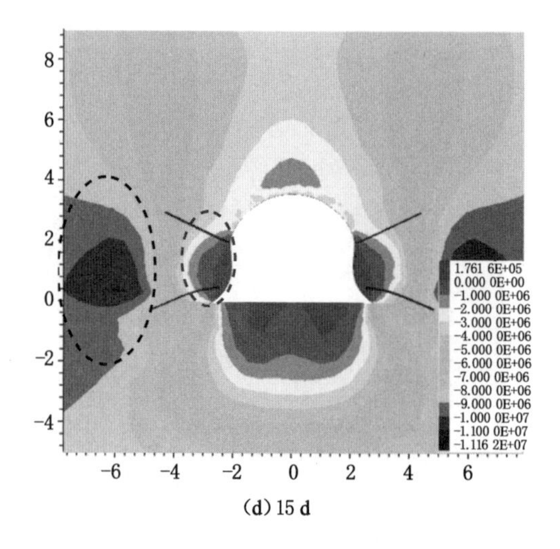

(d) 15 d

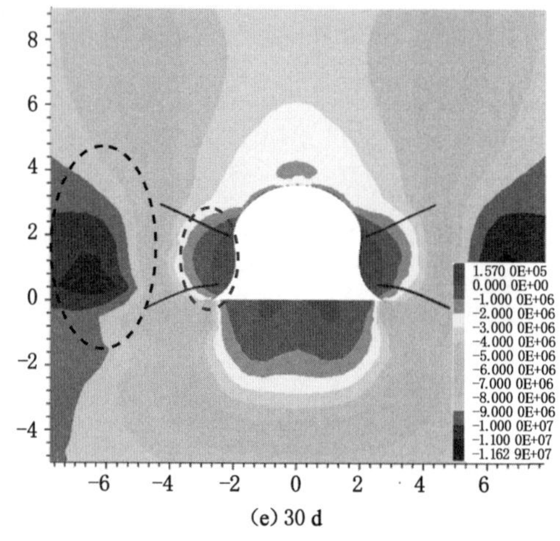

(e) 30 d

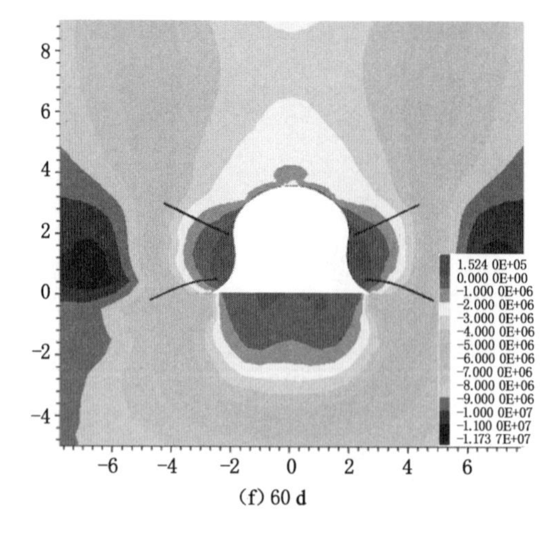

(f) 60 d

图 6-7(续)

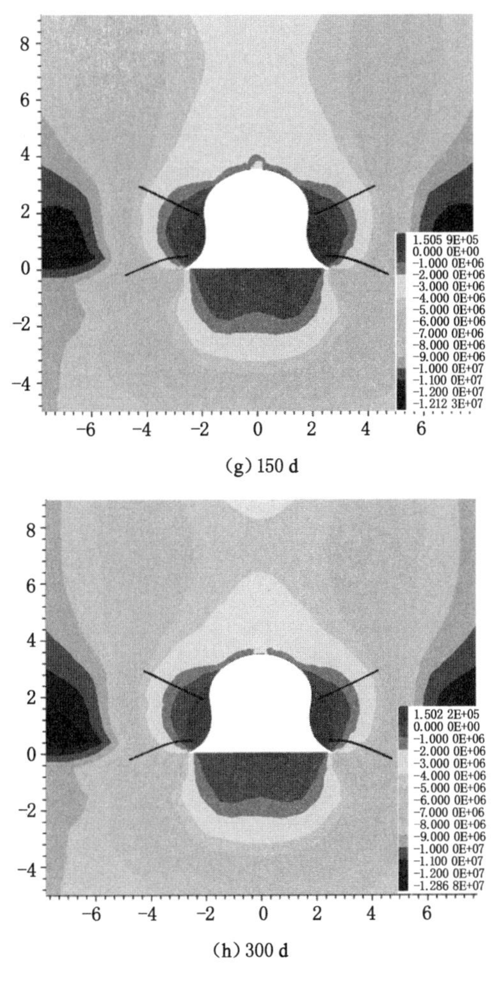

(g) 150 d

(h) 300 d

图 6-7(续)

6.3　巷道围岩塑性区演化规律

将巷道围岩塑性区随时间的变化情况示于云图 6-8。由图 6-8 可知，开挖初期(1 d)巷道顶板及两帮产生较为均匀的剪切破坏，顶板产生少量拉破坏，而底板大部分拉破坏，且底板拉破坏范围占底板总破坏范围的绝大部分。随着时间的延长，顶板及两帮剪切破坏发育，且帮部的破坏速率大于顶板，受此影响巷道底板的塑性区面积也在增大。在大约 7 d 时，帮部的塑性区扩展范围基本与加固锚杆长度一致，这说明此时巷道的锚杆支护已经接近失效，不能限制塑性区的进一步发展。与此同时，巷道的帮部出现了拉破坏，在接下来的时间内，该拉破坏区范围逐渐扩大。在 15 d 时，巷道顶板的剪切破坏范围增加速率高于两帮，且此时的帮部塑性区范围已经完全超过帮部锚杆，锚杆支护完全失去作用。约 60 d 时，巷道顶板及两帮的塑性区发育趋于稳定，随后塑性区变化不是非常明显，个别区域趋于进入塑性状

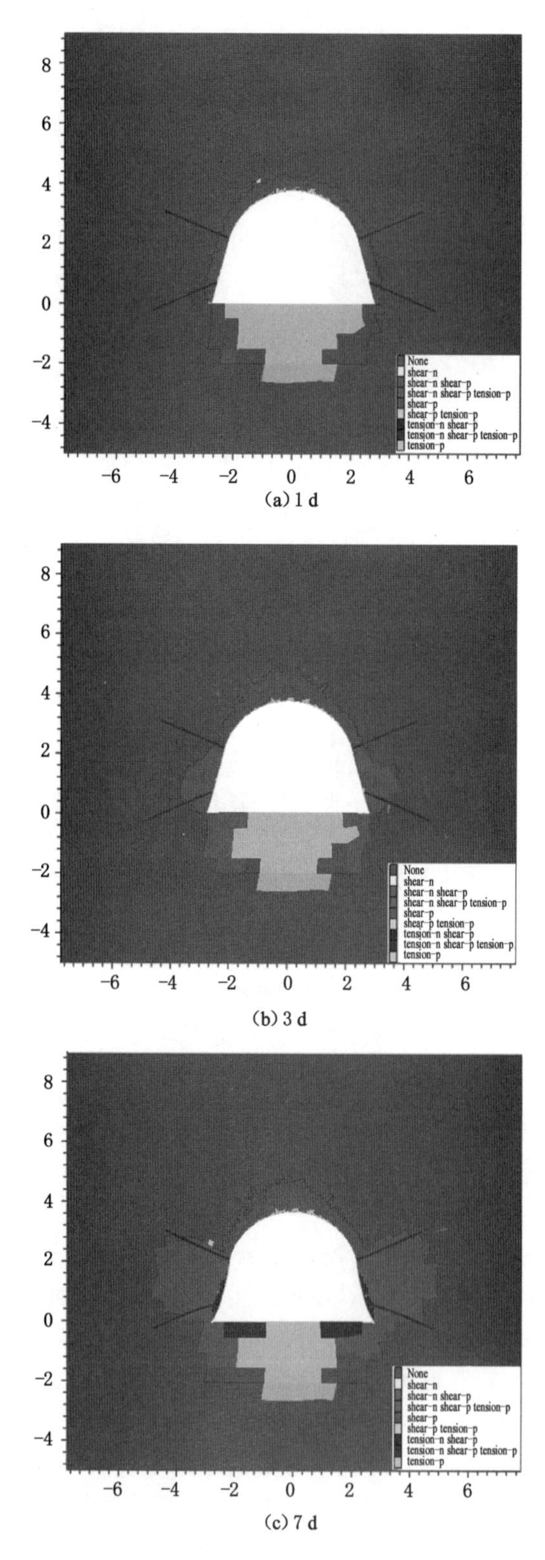

图 6-8　巷道围岩塑性区随时间的变化云图

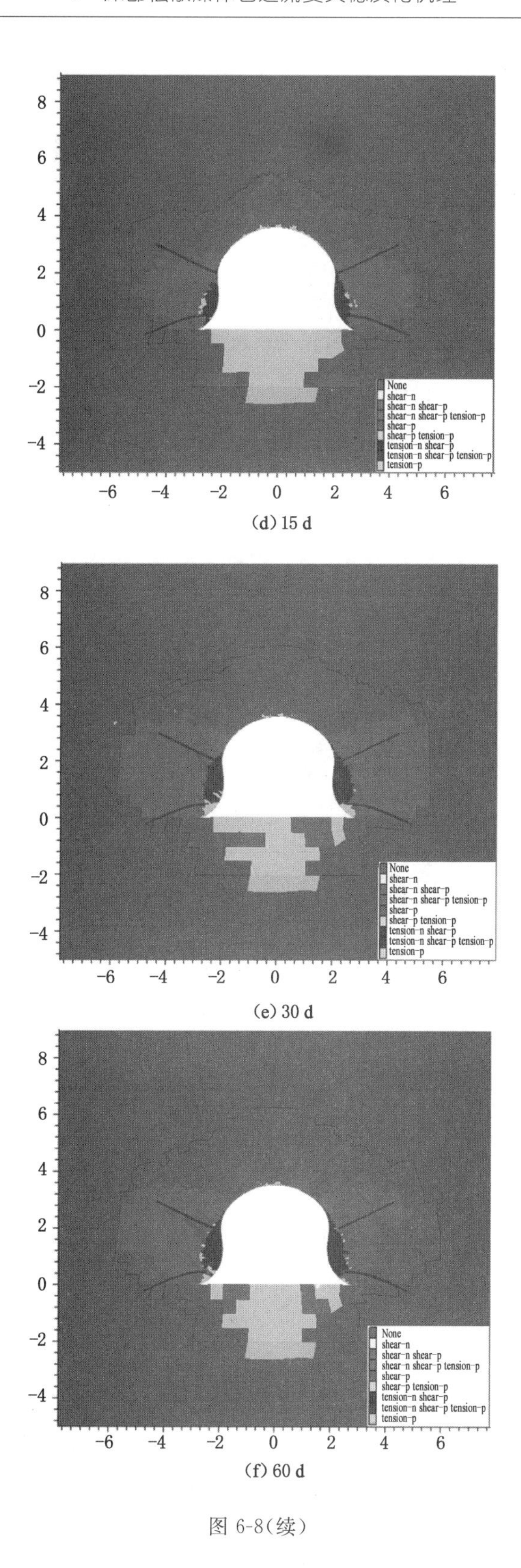

(d) 15 d

(e) 30 d

(f) 60 d

图 6-8(续)

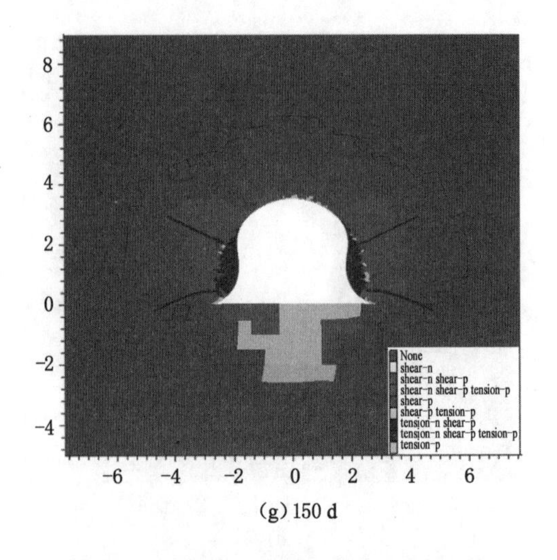

(g) 150 d

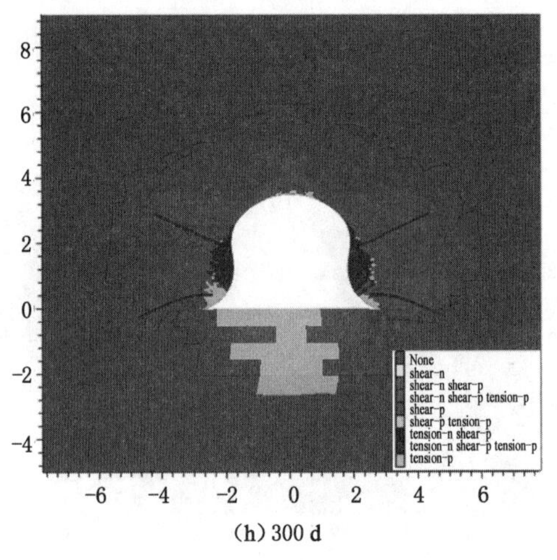

(h) 300 d

图 6-8(续)

态,主要受巷道的长期流变效应影响。巷道围岩塑性区最大扩展深度如表 6-2 和图 6-9 所示。由表 6-2 和图 6-9 可知,巷道体现出“帮部塑性区最大扩展深度＞底板塑性区最大扩展深度＞顶板塑性区最大扩展深度”的特点,整体上帮部塑性区扩展速率大于顶板和底板的。

表 6-2　巷道围岩塑性区最大扩展深度

时间/d	1	3	7	15	30	60	150	300
顶板塑性区最大扩展深度/m	0.4	1.2	1.2	1.8	2.4	2.5	2.5	2.5
底板塑性区最大扩展深度/m	2.8	2.8	2.8	2.8	2.8	2.8	2.8	2.8
帮部塑性区最大扩展深度/m	0.4	1.2	2.6	3.2	3.4	3.6	3.6	3.6

综合松散煤体巷道的水平及垂直位移、最大最小主应力及塑性区扩展规律,认为该松散煤体巷道的不稳定时间为 60 d,煤体内最大主应力积聚明显,塑性区最大扩展深度为 3.6 m,远超支护范围,从而定量地揭示了松散煤体巷道的流变机理。

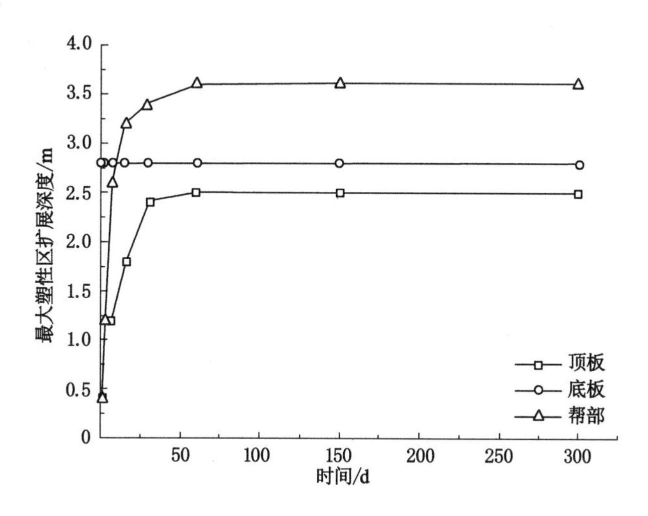

图 6-9　巷道围岩塑性区最大扩展深度随时间的变化关系

参考文献

[1] 何满潮,谢和平,彭苏萍,等.深部开采岩体力学研究[J].岩石力学与工程学报,2005,24(16):2803-2813.

[2] 范广勤.岩土工程流变力学[M].北京:煤炭工业出版社,1993.

[3] 孙钧.岩土材料流变及其工程应用[M].北京:中国建筑工业出版社,1999.

[4] 孙钧.岩石流变力学及其工程应用研究的若干进展[J].岩石力学与工程学报,2007,26(6):1081-1106.

[5] 蔡美峰.岩石力学与工程[M].2版.北京:科学出版社,2013.

[6] 董方庭,宋宏伟,郭志宏,等.巷道围岩松动圈支护理论[J].煤炭学报,1994,19(1):21-31.

[7] 范庆忠,高延法.软岩蠕变特性及非线性模型研究[J].岩石力学与工程学报,2007,26(2):391-396.

[8] 宋大钊,王恩元,刘晓斐,等.深部矿井煤体蠕变机制[J].煤矿安全,2009,40(6):43-45.

[9] 夏红兵,颜宝,李栋伟.深部矿井煤系地层软岩蠕变特征试验[J].兰州大学学报(自然科学版),2013,49(4):564-568.

[10] 隋振华.松软煤层瓦斯抽采钻孔蠕变特性研究[D].焦作:河南理工大学,2016.

[11] 潘东江.松散煤体的硅溶胶注浆渗透规律及长期固结稳定性研究[D].徐州:中国矿业大学,2018.

[12] 高春艳.朱集煤矿巷道围岩流变性状及本构模型研究[D].北京:中国矿业大学(北京),2016.

[13] 万志军,周楚良,罗兵全,等.软岩巷道围岩非线性流变数学力学模型[J].中国矿业大学学报,2004,33(4):468-472.

[14] 王路军,周宏伟,荣腾龙,等.深部煤体非线性蠕变本构模型及实验研究[J].煤炭学报,2018,43(8):2196-2202.

[15] 经纬,郭瑞,杨仁树,等.考虑岩石流变及应变软化的深部巷道围岩变形理论分析[J].采矿与安全工程学报,2021,38(3):538-546.

[16] 王俊光,杨鹏锦,金峤.动静加载条件下泥岩蠕变及细观破裂机制分析[J].中国矿业大学学报,2019,48(6):1223-1229.

[17] 陈宗基.地下巷道长期稳定性的力学问题[J].岩石力学与工程学报,1982,1(1):1-20.

[18] GRIGGS D. Creep of rocks[J]. The journal of geology,1939,47(3):225-251.

[19] SINGH D P. A study of creep of rocks[J]. International journal of rock mechanics and mining sciences & geomechanics abstracts,1975,12(9):271-276.

[20] TIJANI M, VOUILLE G, DE GRENIER F. Experimental determination of rheological

behaviour of Tersanne rock salt[R]. [S. l.],1981.

[21] 夏才初,钟时猷. 岩石流变性尺寸效应的探讨[J]. 中南矿冶学院学报,1989,20(2):128-135.

[22] 陈宗基,康文法,黄杰藩. 岩石的封闭应力、蠕变和扩容及本构方程[J]. 岩石力学与工程学报,1991,10(4):299-312.

[23] OKUBO S, NISHIMATSU Y, FUKUI K. Complete creep curves under uniaxial compression[J]. International journal of rock mechanics and mining sciences & geomechanics abstracts,1991,28(1):77-82.

[24] 何学秋,林柏泉. 突出危险煤的流变性质及突出过程的能量耗散[C]//首届中国科协煤炭系统青年科技工作者学术讨论会议文集,1992:1-6

[25] 吴立新,王金庄. 煤岩流变特性及其微观影响特征初探[J]. 岩石力学与工程学报,1996,15(4):328-332.

[26] 许宏发. 软岩强度和弹模的时间效应研究[J]. 岩石力学与工程学报,1997,16(3):246-251.

[27] MARANINI E, BRIGNOLI M. Creep behaviour of a weak rock: experimental characterization[J]. International journal of rock mechanics and mining sciences,1999,36(1):127-138.

[28] LI Y S, XIA C C. Time-dependent tests on intact rocks in uniaxial compression[J]. International journal of rock mechanics and mining sciences,2000,37(3):467-475.

[29] 曹树刚,鲜学福. 煤岩固-气耦合的流变力学分析[J]. 中国矿业大学学报,2001,30(4):362-365.

[30] 彭苏萍,王希良,刘咸卫,等. "三软"煤层巷道围岩流变特性试验研究[J]. 煤炭学报,2001,26(2):149-152.

[31] 朱定华,陈国兴. 南京红层软岩流变特性试验研究[J]. 南京工业大学学报(自然科学版),2002,24(5):77-79.

[32] 姚爱军,黄福昌,张宗社. 宽厚煤柱煤岩体流变力学特性试验研究[J]. 中国矿业,2003,12(2):52-55.

[33] 刘光廷,胡昱,陈凤岐,等. 软岩多轴流变特性及其对拱坝的影响[J]. 岩石力学与工程学报,2004,23(8):1237-1241.

[34] GASC-BARBIER M, CHANCHOLE S, BÉREST P. Creep behavior of bure clayey rock[J]. Applied clay science,2004,26(1/2/3/4):449-458.

[35] 徐卫亚,杨圣奇,杨松林,等. 绿片岩三轴流变力学特性的研究(Ⅰ):试验结果[J]. 岩土力学,2005,26(4):531-537.

[36] 杨圣奇,徐卫亚,谢守益,等. 饱和状态下硬岩三轴流变变形与破裂机制研究[J]. 岩土工程学报,2006,28(8):962-969.

[37] 高延法,曲祖俊,牛学良,等. 深井软岩巷道围岩流变与应力场演变规律[J]. 煤炭学报,2007,32(12):1244-1252.

[38] 范庆忠. 岩石蠕变及其扰动效应试验研究[J]. 岩石力学与工程学报,2007,26(1):216.

[39] 陈卫忠,谭贤君,吕森鹏,等. 深部软岩大型三轴压缩流变试验及本构模型研究[J]. 岩

石力学与工程学报,2009,28(9):1735-1744.

[40] 陈绍杰,郭惟嘉,杨永杰.煤岩蠕变模型与破坏特征试验研究[J].岩土力学,2009,30(9):2595-2598.

[41] ZHAO Y L,CAO P,WANG W J,et al. Viscoelasto-plastic rheological experiment under circular increment step load and unload and nonlinear creep model of soft rocks[J]. Journal of Central South University of Technology,2009,16(3):488-494.

[42] 刘保国,崔少东.泥岩蠕变损伤试验研究[J].岩石力学与工程学报,2010,29(10):2127-2133.

[43] 范秋雁,阳克青,王渭明.泥质软岩蠕变机制研究[J].岩石力学与工程学报,2010,29(8):1555-1561.

[44] 郭臣业,鲜学福,姜永东,等.破裂砂岩蠕变试验研究[J].岩石力学与工程学报,2010,29(5):990-995.

[45] 何峰,王来贵,王振伟,等.煤岩蠕变-渗流耦合规律实验研究[J].煤炭学报,2011,36(6):930-933.

[46] XU W Y,WANG R B,WANG W,et al. Creep properties and permeability evolution in triaxial rheological tests of hard rock in dam foundation[J]. Journal of Central South University,2012,19(1):252-261.

[47] 张玉,徐卫亚,邵建富,等.渗流-应力耦合作用下碎屑岩流变特性和渗透演化机制试验研究[J].岩石力学与工程学报,2014,33(8):1679-1690.

[48] 蒋海飞,刘东燕,黄伟,等.高围压下高孔隙水压对岩石蠕变特性的影响[J].煤炭学报,2014,39(7):1248-1256.

[49] 王军保,刘新荣,王铁行.灰质泥岩蠕变特性试验研究[J].地下空间与工程学报,2014,10(4):770-775.

[50] 贾渊.煤破坏过程中蠕变—渗流耦合试验研究[D].阜新:辽宁工程技术大学,2015.

[51] HUANG X, LIU Q S, LIU B, et al. Experimental study on the dilatancy and fracturing behavior of soft rock under unloading conditions[J]. International journal of civil engineering,2017,15(6):921-948.

[52] 郭军杰,张瑞林.采动煤体蠕变失稳研究[J].煤矿安全,2018,49(5):27-30.

[53] MA D P,ZHOU Y,LIU C X. Creep behavior and acoustic emission characteristics of coal samples with different moisture content[J]. Acta geodynamica et geomaterialia,2018,15(4):405-412.

[54] 孙元田,李桂臣,钱德雨,等.巷道松软煤体流变参数反演的 BAS-ESVM 模型与应用[J].煤炭学报,2021,46(增刊1):106-115.

[55] LIU Z,ZHOU C Y,SU D L,et al. Rheological deformation behavior of soft rocks under combination of compressive pressure and water-softening effects [J]. Geotechnical testing journal,2019,43(3):20180342.

[56] CRUDEN D M, LEUNG K, MASOUMZADEH S. A technique for estimating the complete creep curve of a sub-bituminous coal under uniaxial compression [J]. International journal of rock mechanics and mining sciences & geomechanics

abstracts,1987,24(4):265-269.

[57] CORNELIUS R R,SCOTT P A. A materials failure relation of accelerating creep as empirical description of damage accumulation [J]. Rock mechanics and rock engineering,1993,26(3):233-252.

[58] 吴立新,王金庄,孟顺利. 煤岩流变模型与地表二次沉陷研究[J]. 地质力学学报,1997,3(3):29-35.

[59] 芮勇勤,徐小荷,马新民,等. 露天煤矿边坡中软弱夹层的蠕动变形特性分析[J]. 东北大学学报,1999,20(6):612-614.

[60] 张向东,李永靖,张树光,等. 软岩蠕变理论及其工程应用[J]. 岩石力学与工程学报,2004,23(10):1635-1639.

[61] 齐明山. 大变形软岩流变性态及其在隧道工程结构中的应用研究[D]. 上海:同济大学,2006.

[62] 尹光志,赵洪宝,张东明. 突出煤三轴蠕变特性及本构方程[J]. 重庆大学学报,2008,31(8):946-950.

[63] 曹平,郑欣平,李娜,等. 深部斜长角闪岩流变试验及模型研究[J]. 岩石力学与工程学报,2012,31(增1):3015-3021.

[64] 孙琦,张淑坤,卫星,等. 考虑煤柱黏弹塑性流变的煤柱-顶板力学模型[J]. 安全与环境学报,2015,15(2):88-91.

[65] 蒋玄苇,陈从新,夏开宗,等. 石膏矿岩三轴压缩蠕变特性试验研究[J]. 岩土力学,2016,37(增刊1):301-308.

[66] 石振明,张力. 锦屏绿片岩分级加载流变试验研究[J]. 同济大学学报(自然科学版),2011,39(3):320-326.

[67] KORZENIOWSKI W. Rheological model of hard rock pillar[J]. Rock mechanics and rock engineering,1991,24(3):155-166.

[68] FENG X T,CHEN B R,YANG C X,et al. Identification of visco-elastic models for rocks using genetic programming coupled with the modified particle swarm optimization algorithm [J]. International journal of rock mechanics and mining sciences,2006,43(5):789-801.

[69] SU G S,ZHANG X F,CHEN G Q,et al. Identification of structure and parameters of rheological constitutive model for rocks using differential evolution algorithm[J]. Journal of Central South University of Technology,2008,15(1):25-28.

[70] ZHANG Q Z,SHEN M R,ZHI W. Investigation of mechanical behavior of a rock plane using rheological tests [J]. Journal of materials in civil engineering,2011,23(8):1220-1226.

[71] ZHANG H B,WANG Z Y,ZHENG Y L,et al. Study on tri-axial creep experiment and constitutive relation of different rock salt [J]. Safety science,2012,50(4):801-805.

[72] 宋勇军,雷胜友,邹翀,等. 分级加载下炭质板岩蠕变特性的试验研究[J]. 长江科学院院报,2013,30(9):47-52.

[73] 杨振伟,金爱兵,周喻,等.伯格斯模型参数调试与岩石蠕变特性颗粒流分析[J].岩土力学,2015,36(1):240-248.
[74] 康文献,于怀昌,王玲玲,等.三轴应力下水对粉砂质泥岩蠕变力学特性影响作用试验研究[J].工程地质学报,2016,24(4):622-628.
[75] 张青.高地应力区煤岩蠕变特性试验及蠕变参数识别[J].陕西煤炭,2016,35(2):60-62.
[76] 金丰年,范华林.岩石的非线性流变损伤模型及其应用研究[J].解放军理工大学学报(自然科学版),2000,1(3):1-5.
[77] 邓荣贵,周德培,张倬元,等.一种新的岩石流变模型[J].岩石力学与工程学报,2001,20(6):780-784.
[78] 曹树刚,边金,李鹏.软岩蠕变试验与理论模型分析的对比[J].重庆大学学报(自然科学版),2002,25(7):96-98.
[79] 曹树刚,鲜学福.煤岩的广义弹粘塑性模型分析[J].煤炭学报,2001,26(4):364-369.
[80] 张为民.一种采用分数阶导数的新流变模型理论[J].湘潭大学自然科学学报,2001,23(1):30-36.
[81] 刘朝辉,张为民.含分数阶导数的粘弹性固体模型及其应用[J].株洲工学院学报,2002,16(4):23-25.
[82] 周宏伟,王春萍,段志强,等.基于分数阶导数的盐岩流变本构模型[J].中国科学:物理学 力学 天文学,2012,42(3):310-318.
[83] 吴斐,谢和平,刘建锋,等.分数阶黏弹塑性蠕变模型试验研究[J].岩石力学与工程学报,2014,33(5):964-970.
[84] 熊德发,王伟,杨广雨,等.软岩非定常分数阶导数流变模型研究[J].三峡大学学报(自然科学版),2018,40(1):39-43.
[85] 陈沅江,潘长良,曹平,等.软岩流变的一种新力学模型[J].岩土力学,2003,24(2):209-214.
[86] 徐卫亚,杨圣奇,褚卫江.岩石非线性黏弹塑性流变模型(河海模型)及其应用[J].岩石力学与工程学报,2006,25(3):433-447.
[87] 徐卫亚,杨圣奇,谢守益,等.绿片岩三轴流变力学特性的研究(Ⅱ):模型分析[J].岩土力学,2005,26(5):693-698
[88] 杨圣奇.岩石流变力学特性的研究及其工程应用[D].南京:河海大学,2006.
[89] TOMANOVIC Z. Rheological model of soft rock creep based on the tests on marl[J]. Mechanics of time-dependent materials,2006,10(2):135-154.
[90] 赵延林,曹平,文有道,等.岩石弹黏塑性流变试验和非线性流变模型研究[J].岩石力学与工程学报,2008,27(3):477-486.
[91] 夏才初,许崇帮,王晓东,等.统一流变力学模型参数的确定方法[J].岩石力学与工程学报,2009,28(2):425-432.
[92] 夏才初,王晓东,许崇帮,等.用统一流变力学模型理论辨识流变模型的方法和实例[J].岩石力学与工程学报,2008,27(8):1594-1600.
[93] 王维忠,尹光志,赵洪宝,等.含瓦斯煤岩三轴蠕变特性及本构关系[J].重庆大学学报,

2009,32(2):197-201.

[94] 王维忠,尹光志,王登科,等.三轴压缩下突出煤粘弹塑性蠕变模型[J].重庆大学学报,2010,33(1):99-103.

[95] 艾巍,范翔宇,康海涛,等.煤岩蠕变模型的建立及应用[J].内蒙古石油化工,2010,36(14):7-10.

[96] 崔少东.岩石力学参数的时效性及非定常流变本构模型研究[D].北京:北京交通大学,2010.

[97] 杨小彬,李洋,李天洋,等.煤岩非线性损伤蠕变模型探析[J].辽宁工程技术大学学报(自然科学版),2011,30(2):172-174.

[98] 蒋腾健,赵立财,余建星.砂岩蠕变力学特性及流变模型研究[J].水电能源科学,2021,39(3):124-128.

[99] 贾善坡,陈卫忠,于洪丹,等.泥岩渗流-应力耦合蠕变损伤模型研究(Ⅱ):数值仿真和参数反演[J].岩土力学,2011,32(10):3163-3170.

[100] 贾善坡,陈卫忠,于洪丹,等.泥岩渗流-应力耦合蠕变损伤模型研究(Ⅰ):理论模型[J].岩土力学,2011,32(9):2596-2602.

[101] 齐亚静,姜清辉,王志俭,等.改进西原模型的三维蠕变本构方程及其参数辨识[J].岩石力学与工程学报,2012,31(2):347-355.

[102] 张永兴,王更峰,周小平,等.含水炭质板岩非线性蠕变损伤模型及应用[J].土木建筑与环境工程,2012,34(3):1-9.

[103] 杨圣奇,徐鹏.一种新的岩石非线性流变损伤模型研究[J].岩土工程学报,2014,36(10):1846-1854.

[104] 康永刚,张秀娥.一种改进的岩石蠕变本构模型[J].岩土力学,2014,35(4):1049-1055.

[105] KANG J H,ZHOU F B,LIU C,et al. A fractional non-linear creep model for coal considering damage effect and experimental validation[J]. International journal of non-linear mechanics,2015,76:20-28.

[106] 徐鹏,杨圣奇.循环加卸载下煤的黏弹塑性蠕变本构关系研究[J].岩石力学与工程学报,2015,34(3):537-545.

[107] LAI J X, MAO S, QIU J L, et al. Investigation progresses and applications of fractional derivative model in geotechnical engineering[J]. Mathematical problems in engineering,2016,2016:9183296.

[108] 李祥春,张良,李忠备,等.不同瓦斯压力下煤岩三轴加载时蠕变规律及模型[J].煤炭学报,2018,43(2):473-482.

[109] 孙元田.深部松散煤体巷道流变机理研究及控制对策[D].徐州:中国矿业大学,2020.

[110] ZHANG J X,LI B,ZHANG C H,et al. Nonlinear viscoelastic-plastic creep model based on coal multistage creep tests and experimental validation[J]. Energies,2019,12(18):3468.

[111] KRISTEN H A D. Determination of rock mass elastic moduli by back analysis of deformation measurements[C]//Proceedings of Symposium on Exploration for Rock

Engineering. 1976.
[112] SAKURAI S,TAKEUCHI K. Back analysis of measured displacements of tunnels [J]. Rock mechanics and rock engineering,1983,16(3):173-180.
[113] 陈子荫.由位移测定值反算流变岩体变形性质参数及地应力[J].煤炭学报,1982,7(4):45-51.
[114] WANG Z Y, LIU H H. Back analysis of measured rheologic displacements of underground openings[C]//Proc 6th Conf on Num Methin Geom,1988.
[115] LI Y P, WANG Z Y. Three-dimensional back-analysis of viscoelastic creep displacement[M]. Shanghai:Tongji University Press,1988.
[116] 王芝银,杨志法,王思敬.岩石力学位移反演分析回顾及进展[J].力学进展,1998,28(4):488-498.
[117] 杨志法,王思敬,薛琳.位移反分析法的原理和应用[J].青岛建筑工程学院学报,1987,8(1):13-20.
[118] 薛琳,杨志法.关于符合马克斯威尔、鲍埃丁—汤姆逊和 H—K 模型的粘弹性岩体的位移反分析原理[J].青岛建筑工程学院学报,1988,9(1):79-88.
[119] 杨林德,张开俊.洞室围岩二维粘弹性反演计算的边界单元法[J].同济大学学报,1990,18(3):327-333.
[120] 杨林德,荆华,李德洪.二维粘弹性问题反分析计算的统一模型[J].地下空间,1993(4):243-250.
[121] 许宏发,钱七虎,吴华杰,等.确定软土流变模型参数的回归反演法[J].岩土工程学报,2003,25(3):365-367.
[122] 许宏发,陈新万.多项式回归间接求解岩石流变力学参数的方法[J].有色金属,1994,46(4):19-22.
[123] 许宏发,柏准,齐亮亮,等.基于全应力-应变曲线的软岩蠕变寿命估计[J].岩土力学,2018,39(6):1973-1980.
[124] 薛琳.巷道围岩支护系统粘弹性分析蠕变柔量法[J].煤炭学报,1996,21(6):591-595.
[125] 朱浮声,薛琳,李宏,等.黏弹性围岩力学参数反分析的一种数值法[J].岩石力学与工程学报,1997,16(5):472-482.
[126] GIODA G,LOCATELLI L. Back analysis of the measurements performed during the excavation of a shallow tunnel in sand[J]. International journal for numerical and analytical methods in geomechanics,1999,23(13):1407-1425.
[127] 李庆国.边界元法的巷道应力反分析[J].焦作工学院学报,1999,18(4):262-266.
[128] YANG Z F, WANG Z Y, ZHANG L Q, et al. Back-analysis of viscoelastic displacements in a soft rock road tunnel[J]. International journal of rock mechanics and mining sciences,2001,38(3):331-341.
[129] SAKURAI S, AKUTAGAWA S, TAKEUCHI K, et al. Back analysis for tunnel engineering as a modern observational method[J]. Tunnelling and underground space technology,2003,18(2/3):185-196.

[130] 杨林德,颜建平,王悦照,等.围岩变形的时效特征与预测的研究[J].岩石力学与工程学报,2005,24(2):212-216.

[131] VARDAKOS S S, GUTIERREZ M S, BARTON N R. Back-analysis of Shimizu Tunnel No. 3 by distinct element modeling[J]. Tunnelling and underground space technology,2007,22(4):401-413.

[132] SHARIFZADEH M, TARIFARD A, MORIDI M A. Time-dependent behavior of tunnel lining in weak rock mass based on displacement back analysis method[J]. Tunnelling and underground space technology,2013,38:348-356.

[133] HOLLAND J. Adaptation in natural and artificial systems: an introductory analysis with applications to biology, control, and artificial intelligence[M]. [S. l. : s. n.],1992.

[134] 冯夏庭,王泳嘉,林韵梅.地下工程力学综合集成智能分析的理论和方法[J].岩土工程学报,1997,19(1):30-36.

[135] 冯夏庭,杨成祥.智能岩石力学(2):参数与模型的智能辨识[J].岩石力学与工程学报,1999,18(3):350-353.

[136] 冯夏庭.智能岩石力学的发展[J].中国科学院院刊,2002,17(4):256-259.

[137] 冯夏庭,王泳嘉.智能岩石力学及其内容[J].工程地质学报,1997,5(1):28-32.

[138] 冯夏庭,张治强,杨成祥,等.位移反分析的进化神经网络方法研究[J].岩石力学与工程学报,1999,18(5):529-533.

[139] BENCE A E, KVENVOLDEN K A, KENNICUTT M M, et al. A neural network model for real-time roof pressure prediction in coal mines[J]. International journal of rock mechanics and mining science & geomechanics abstracts, 1996, 33(6): 647-653.

[140] 冯夏庭,张治强,徐平. Adaptive and intelligent prediction of deformation time series of high rock excavation slope[J].中国有色金属学会会刊(英文版),1999(4): 842-846.

[141] 李立新,王建党,李造鼎.神经网络模型在非线性位移反分析中的应用[J].岩土力学,1997,18(2):62-66.

[142] 刘杰,王媛.岩体流变参数反演的加速遗传算法[J].大坝观测与土工测试,2001(6): 24-27.

[143] 赵同彬,谭云亮,刘传孝.基于遗传算法的巷道位移反分析研究[J].岩土力学,2004,25(增刊):107-109.

[144] 陈炳瑞,冯夏庭,丁秀丽,等.基于模式-遗传-神经网络的流变参数反演[J].岩石力学与工程学报,2005,24(4):553-558.

[145] 丁秀丽.岩体流变特性的试验研究及模型参数辨识[D].武汉:中国科学院武汉岩土力学研究所,2005.

[146] 胡斌,冯夏庭,王国峰,等.龙滩水电站左岸高边坡泥板岩体蠕变参数的智能反演[J].岩石力学与工程学报,2005,24(17):3064-3070.

[147] 董志宏,丁秀丽,邬爱清,等.地下洞室软岩流变参数反分析[J].矿山压力与顶板管理,2005(3):60-62.

[148] 董志宏，丁秀丽，邬爱清. 软岩三维粘弹塑性参数辨识研究[J]. 长江科学院院报，2008，25(5)：24-28.

[149] 陈炳瑞，冯夏庭，黄书岭，等. 基于快速拉格朗日分析-并行粒子群算法的黏弹塑性参数反演及其应用[J]. 岩石力学与工程学报，2007，26(12)：2517-2525.

[150] GUAN Z C，JIANG Y J，TANABASHI Y. Rheological parameter estimation for the prediction of long-term deformations in conventional tunnelling[J]. Tunnelling and underground space technology，2009，24(3)：250-259.

[151] ZHAO H B，YIN S D. Geomechanical parameters identification by particle swarm optimization and support vector machine[J]. Applied mathematical modelling，2009，33(10)：3997-4012.

[152] 闫超. 基于 BP 神经网络的煤矿深埋硐室软岩流变参数反演分析[D]. 淮南：安徽理工大学，2011.

[153] 贾善坡，伍国军，陈卫忠. 基于粒子群算法与混合罚函数法的有限元优化反演模型及应用[J]. 岩土力学，2011，32(增刊 2)：598-603.

[154] 贾善坡. 基于遗传算法的岩土力学参数反演及其在 ABAQUS 中的实现[J]. 水文地质工程地质，2012，39(1)：31-35.

[155] 王雪冬，李广杰，尤冰，等. 基于粒子群优化 BP 神经网络的巷道位移反分析[J]. 煤炭学报，2012，37(增刊 1)：38-42.

[156] 叶斯俊. 基于反演理论的巷道变形预测[D]. 徐州：中国矿业大学，2014.

[157] 石高鹏. 深埋煤巷围岩流变参数反分析及支护优化研究[D]. 徐州：中国矿业大学，2015.

[158] 王开禾，罗先启，沈辉，等. 围岩力学参数反演的 GSA-BP 神经网络模型及应用[J]. 岩土力学，2016，37(增刊 1)：631-638.

[159] 冯夏庭. 智能岩石力学导论[M]. 北京：科学出版社，2000.

[160] CHERKASSKY V. The nature of statistical learning theory ~ [J]. IEEE transactions on neural networks，1997，8(6)：1564.

[161] VAPNIK V N. 统计学习理论的本质[M]. 张学工，译. 北京：清华大学出版社，2000.

[162] 张学工. 关于统计学习理论与支持向量机[J]. 自动化学报，2000，26(1)：32-42.

[163] 邓乃扬，田英杰. 数据挖掘中的新方法：支持向量机[M]. 北京：科学出版社，2004.

[164] 克里斯蒂亚尼尼. 支持向量机导论[M]. 北京：电子工业出版社，2004.

[165] ADANKON M M，CHERIET M. Support vector machine[J]. Computer science，2002，1(4)：1-28.

[166] SUN Y T，ZHANG J F，LI G C，et al. Optimized neural network using beetle antennae search for predicting the unconfined compressive strength of jet grouting coalcretes[J]. International journal for numerical and analytical methods in geomechanics，2019，43(4)：801-813.

[167] JIANG X Y，LI S. BAS：beetle antennae search algorithm for optimization problems[J]. International journal of robotics and control，2018，1(1)：1.

[168] ITO K，NAKANO R. Optimizing support vector regression hyperparameters based

on cross-validation[C]//Proceedings of the International Joint Conference on Neural Networks,2003.

[169] SCHÖLKOPF B, BURGES C, SMOLA A. Advances in kernel methods: support vector learning[M]. [S. l. :s. n.],1999.

[170] 王小川,史峰,郁磊,等. MATLAB神经网络43个案例分析[M]. 北京:北京航空航天大学出版社,2013.

[171] 关宝树. 普氏岩石坚固性系数[J]. 铁路标准设计通讯,1964(4):22-26.

[172] 刘凉滏. 岩石坚固性系数 f 值的换算问题[J]. 矿山机械,1983(6):27.

[173] 焦作矿业学院瓦斯地质研究室. 瓦斯地质概论[M]. 北京:煤炭工业出版社,1990.

[174] 汤友谊,张国成,孙四清. 不同煤体结构煤的 f 值分布特征[J]. 焦作工学院学报(自然科学版),2004,23(2):81-84.

[175] 范文田. 测定普氏岩石坚固性系数的捣碎法及其应用[J]. 铁路标准设计通讯,1964(9):13-16.

[176] 毕万全,蒋承林,王智立,等. 煤(岩)坚固性系数测定的准确性和稳定性研究[J]. 煤矿安全,2012,43(8):41-44.

[177] 姜海纳,程远平,王亮. 煤阶对瓦斯放散初速度及坚固性系数影响研究[J]. 煤矿安全,2014,45(12):11-13.

[178] 杨敬娜,苏慧. 坚固性系数对构造煤应力-应变及瓦斯渗透性影响[J]. 煤矿安全,2016,47(8):12-15.

[179] 张瑞林,王海乐. 煤的坚固性系数与孔隙率变化关系的实验研究[J]. 煤矿安全,2014,45(10):1-3.

[180] 李新旺,吕华永,李丽. 不同侧压系数和坚固性系数对煤层水力压裂的影响分析[J]. 煤炭技术,2016,35(12):152-154.

[181] 柴博,李建辉. 不同性质煤岩下掘进机截割载荷研究[J]. 辽宁工程技术大学学报(自然科学版),2017,36(2):170-175.

[182] 刘贞堂. 突出煤层煤体变形模量与普氏坚固性系数的关系[J]. 煤炭工程师,1993(2):20-22.

[183] 张慧,王晓刚,员争荣,等. 煤中显微裂隙的成因类型及其研究意义[J]. 岩石矿物学杂志,2002,21(3):278-284.

[184] 傅雪海,秦勇,薛秀谦,等. 煤储层孔、裂隙系统分形研究[J]. 中国矿业大学学报,2001,30(3):225-228.

[185] GAMSON P, BEAMISH B, JOHNSON D. Coal microstructure and secondary mineralization: their effect on methane recovery[J]. Geological society, London, special publications,1996,109(1):165-179.

[186] 梁运培. 高压水射流钻孔破煤机理研究[D]. 青岛:山东科技大学,2007.

[187] VALLEJO L E, MAWBY R. Porosity influence on the shear strength of granular material-clay mixtures[J]. Engineering geology,2000,58(2):125-136.

[188] 杨永明,鞠杨,刘红彬,等. 孔隙结构特征及其对岩石力学性能的影响[J]. 岩石力学与工程学报,2009,28(10):2031-2038.

[189] 程志林,隋微波,宁正福,等.数字岩芯微观结构特征及其对岩石力学性能的影响研究[J].岩石力学与工程学报,2018,37(2):449-460.

[190] HUDYMA N,AVAR B B,KARAKOUZIAN M. Compressive strength and failure modes of lithophysae-rich Topopah Spring tuff specimens and analog models containing cavities[J]. Engineering geology,2004,73(1/2):179-190.

[191] TALESNICK M L,HATZOR Y H,TSESARSKY M. The elastic deformability and strength of a high porosity, anisotropic chalk[J]. International journal of rock mechanics and mining sciences,2001,38(4):543-555.

[192] PRICE N J. The influence of geological factors on the strength of coal measure rocks [J]. Geological magazine,1963,100(5):428-443.

[193] 杨冰,杨军,常在,等.土石混合体压缩性的三维颗粒力学研究[J].岩土力学,2010,31(5):1645-1650.

[194] 张振南,茅献彪,葛修润.松散岩块侧限压缩模量的试验研究[J].岩石力学与工程学报,2004,23(18):3049-3054.

[195] 李广信.高等土力学[M].北京:清华大学出版社,2004.

[196] 许江,鲜学福,杜云贵,等.含瓦斯煤的力学特性的实验分析[J].重庆大学学报(自然科学版),1993,16(5):42-47.

[197] 黄山秀,马名杰,沈玉霞,等.我国型煤技术现状及发展方向[J].中国煤炭,2010,36(1):84-87.

[198] 胡雄,梁为,侯厶靖,等.温度与应力对原煤、型煤渗透特性影响的试验研究[J].岩石力学与工程学报,2012,31(6):1222-1229.

[199] 胡国忠,王宏图,范晓刚,等.低渗透突出煤的瓦斯渗流规律研究[J].岩石力学与工程学报,2009,28(12):2527-2534.

[200] 王汉鹏,李清川,袁亮,等.煤与瓦斯突出模拟试验型煤相似材料研发与特性分析[J].采矿与安全工程学报,2018,35(6):1277-1283.

[201] 许江,陶云奇,尹光志,等.煤与瓦斯突出模拟试验台的研制与应用[J].岩石力学与工程学报,2008,27(11):2354-2362.

[202] 张淑同.煤与瓦斯突出模拟试验综述与展望[J].矿业安全与环保,2014,41(1):83-86.

[203] 许江,叶桂兵,李波波,等.不同黏结剂配比条件下型煤力学及渗透特性试验研究[J].岩土力学,2015,36(1):104-110.

[204] 田斌,许德平,杨芳芳,等.成型压力与粉煤粒度分布对冷压型煤性能的影响[J].煤炭科学技术,2013,41(10):125-128.

[205] 张金山,郭振坤,杨静,等.型煤成型影响因素的正交实验分析[J].煤炭技术,2016,35(9):287-288.

[206] 王卫东,刘虎.型煤技术基础理论总结与探讨[J].煤炭加工与综合利用,2004(5):38-41.

[207] 高玉杰.型煤成型影响因素分析及型煤成型机的设计[D].太原:山西大学,2009.

[208] PEDERSEN E. Model for powder compression which takes diewall friction into

account[J]. Powder technology,1986,45(2):155-157.

[209] 杨峰.高应力软岩巷道变形破坏特征及让压支护机理研究[D].徐州:中国矿业大学,2009.

[210] 熊良宵,汪子华.中国近20年岩石流变试验与本构模型的研究进展[J].地质灾害与环境保护,2018,29(3):104-112.

[211] 徐志英.岩石力学[M].3版.北京:中国水利水电出版社,1993.